专家与您手拉手系列丛书

# 野菜
# 栽培技术问答

徐践 马萱 岳瑾 编著

中国农业大学出版社

# 前　言

野菜是自然生长、未经人工栽培的蔬菜。野菜生长在自然无公害的环境中，被誉为天然绿色食品、森林食品。同时，野菜具有无污染、鲜嫩、清醇、芳香等独特滋味，营养价值高于种植蔬菜，大部分野菜还具有极高的药用价值和相应的保健作用。因而，野菜消费热在国内外悄然兴起，野菜已成为现代人渴求回归自然的野味食品，越来越受人们的青睐。

随着改革的深入，人们生活逐渐富裕起来，饮食结构得到了极大的改善，却出现了“富贵病”。当今，围绕饮食健康的因果关系而大力提倡食疗，人们才意识到“吃得好”的含义是吃得科学、吃得合理，食野新潮也逐渐流行起来。正因为如此，野菜具有相当大的药用、食用等商业开发价值，蔬菜市场发展潜力巨大。

因此应加大对野菜野生资源的保护力度，开展野生资源开发利用的立法工作。合理开发，有效利用，限制开发那些濒临灭绝的种类。同时野生蔬菜属于蕴藏在山区的自然资源，在不破坏生态平衡的根本前提下，合理开发山区野生资源，可以增加农民收入。本书就野生蔬菜的引种驯化、无公害栽培模式等进行了介绍。无公害野菜的规模化生产，可以合理调整农村产业结构，促进农业经济的发展。近两年来，随着国家退耕还林政策的实施，农民面临着耕地减少、收入降低的问题，而一些木本野生蔬菜经过引种驯化并大面积繁殖以后，可作为生态林进行栽培，既响应了国家退耕还林的方针政策，又保证了农民在耕地还林之后的经济收入。

编者

2007 年 1 月

# 目　录

# 一、一般常识

## ☞ 1. 什么叫野菜?

野菜(野生蔬菜)是相对于栽培蔬菜而言的,指可作为蔬菜食用的一切野生植物,是蔬菜的组成部分。

## ☞ 2. 野菜栽培的意义是什么?

野菜的营养丰富,不但和蔬菜一样有人体必需的糖、脂肪、蛋白质、维生素、无机盐、微量元素和食物纤维等营养物质,而且许多野菜的营养成分,特别是其中的胡萝卜素、抗坏血酸和核黄素含量都高于常见的蔬菜。野菜是佳味良药,几乎所有的野菜都具有医疗保健价值。野菜的味鲜形美,既具有观赏性又有食用性。野菜有较高的经济价值,很多宾馆饭店以特色菜价格出售野菜。随着旅游热的到来,野菜以其绿色无污染的食用特性也越来越受到重视。但同时也越来越多地暴露出野菜资源利用等方面的一些问题。如传统野菜品种在传统采集区过度采集,自然资源严重缺乏的问题;普通野菜品种较多,特殊种类较少的问题;季节性强,无法做到周年供应等问题。而这些问题的出现依靠野生采集已无法解决,野菜栽培就显得越来越重要起来。

通过野菜栽培可以丰富野菜市场,保护自然资源,减少环境破坏,而且可以实现野菜的周年供应,做到规模化生产。

## ☞ 3. 野菜有哪些分类方法?

①按照植物的基本属性分类;

②按照食用部位的不同而分类;

③按生长环境不同而分类;

④按植物系统来分类。

## ☞ 4. 按照这些分类方法分别如何划分?

①野菜根据基本属性可以分为木本类野菜和草本类野菜。木本类野菜一般为多年生乔、灌木,如香椿、槐花等;草本类野菜多为一年生植物,如荠菜、马齿苋等。

②野菜根据食用部位可以分为食花类野菜、茎叶类野菜、食果类野菜、块茎类野菜等几种。食花类野菜如黄花菜等;茎叶类野菜品种较多,既有草本也有木本类植物,如香椿、荠菜等;食果类野菜较少,如榆钱;块茎类野菜如黄精、玉竹。食用部位的划分也并不是绝对的,有些野菜既可食茎叶也可食果实,既可食块茎也能食用嫩茎叶。

③野菜按生长环境可以分为水生野菜(如水生豆瓣菜)和陆生野菜(如大部分的野菜品种)。

④按植物系统分为高等植物野菜、低等植物野菜。

## ☞ 5. 野菜栽培的基本原则是什么?

**(1)根据市场需求,选择当地特色品种**

野菜的生长具有很强的地域性,因此野菜已经成为地方特色饮食的组成部分。随着旅游业的快速发展,也促进了饮食业的发展。应该充分发挥野菜的地方特色,满足市场需求。

**(2)适当引种外地优良品种**

当本地品种不能满足市场需要时,就应该引进其他一些适口性强、经济效益好的优良品种。引种应本着气候相似性的原则,从而增加引种的成功率。

**(3)根据野菜特性及效益原则选择栽培方法**

野菜的栽培要兼顾野菜本身生长特性,又要考虑野菜的营养价值及食用价值,同时还要考虑到野菜是作为鲜食上市还是加工出售等多方面因素。

## 6. 野菜都是安全的吗?

野菜作为蔬菜的一类,大多数是安全的,但它也同时具有食物、药物、毒物的多重性,而且和它的食用时间、食用部位、食用方法等密切相关。因此在栽培时要了解野菜的特性,栽培那些营养价值高、实用性强的品种。食用时严格遵照它的食用方法,不随意生食。

## 7. 野菜引种驯化栽培原则是什么?

**(1)择优引种,精耕细作**

由于野菜原种往往是生长在较瘠薄的土质和恶劣的自然环境条件中,因此其根、茎、叶和果实都较不发达,品质粗糙。经过长期的品种选育,才获得了一些根部发达、茎较粗壮、叶片肥厚、果实膨大的优良品种。例如,野生蒲公英叶片小而稀疏,营养生长不完全,开花较早,叶片可食性较差,经过选育,出现了叶片较大、质地细嫩、叶片密集、食用性较强的优良品种。现在在市场上被人们所熟知的许多蔬菜也是由其野生种选育而来的。在我们选育野菜品种时,应留意选择性状较优良的单株或群体。如口感香甜的,抗病性强的，或生长期短、产量高的，将其培育成人们喜爱的栽培蔬菜新品种。

**(2)开拓市场，循序渐进**

野菜的食用虽然有较为悠久的历史，但还是一类正在逐渐被人们所熟悉的蔬菜，早期的市场需求量不大，消费增长缓慢。因此，我们对野菜品种的引种驯化、栽培生产应与之相适应。我们应该有重点地少量引种，进行宣传来引导消费，根据市场的需求不断调整栽培面积，做到以销定产，循序渐进。否则，盲目地进行大面积生产，将会导致产品积压，造成经济损失。

**(3)设施栽培，周年供应**

设施栽培具有良好的保温防寒及降温防热的性能，为野菜的生长发育提供了适宜的环境条件，如塑料大棚、日光温室、阳畦、荫棚等农业设施，都可对野菜生长的小环境条件进行控制、异地引种、周年生产。

**(4)配备储藏加工设备，产销一体化**

野菜收获期较集中，为满足市场的需求，保持其原有风味，需进行一定的储藏处理及必要的加工处理，以提高其附加值，保证周年均衡供应。

# 二、繁殖技术

## (一)种子繁殖

### ☞ 8. 种子休眠的表现是什么?

种子是处于休眠状态的具有生命力的活体。其休眠主要是由其内在因素或外界条件造成的,主要表现为一时不能发芽或发芽困难的现象。

### ☞ 9. 种子休眠分为几种?

种子休眠根据表现不同可以分为生理休眠和强迫性休眠。

### ☞ 10. 生理休眠和强迫性休眠的区别是什么?

有些种子收获后,在适宜发芽的条件下,因未经过生理成熟(或生理后熟)的阶段,而暂时不能发芽的现象称为生理休眠。凡是由于种子得不到发芽所需的条件而暂时不能发芽的现象,称为强迫性休眠。

### ☞ 11. 造成生理休眠的原因是什么? 如何打破休眠?

造成生理休眠的原因包括以下几方面:一是胚尚未成

熟;二是胚虽然在形态上发育完全,但储藏物质还没有转化成胚发育所能利用的状态;三是胚的分化虽已完成,但胚细胞原生质出现孤立现象,在原生质外包有一层脂类物质,透性降低;四是在果皮、种皮或胚乳中存在抑制物质(如氢氰酸、氨、植物碱、有机酸、乙醛等),阻碍了胚的萌发;五是由于种皮太厚太硬,或有蜡质,透水透气性差,影响种子萌发。其中前 3 种原因属于种子的内在因素引起的生理休眠,均需通过后熟作用才能萌发。也可使用不同浓度的赤霉素或激动素处理来打破种子的休眠,促使种子发芽。后 2 种原因可采用物理方法去掉抑制物质或破坏种皮,促使种子发芽。

## ☞ 12. 野菜种子的寿命是多少?

成熟种子,只要具备种子萌发所需要的水、空气、温度等条件,都有生根发芽的能力。但由于种子的营养成分、构造和储藏条件不同,它们的寿命也不同。种子的寿命是种子活力的表现,指在一定的环境条件下生活力所能保持的最长年限。不同野菜种子的寿命差异很大,但一般的野菜种子的寿命为 2～4 年。虽然种子的生命力各不相同,但在适宜的储藏条件下,寿命均可以得到不同程度的延长。

## ☞ 13. 野菜种子的储藏条件是什么?

大多数种子的理想储藏条件是:空气相对湿度为15%,温度－20℃左右,空气中含氧少,含二氧化碳多,储藏室无光照,经常保持黑暗。在生产上,栽培野菜一般以新鲜种子为好,因为隔年种子发芽率低。对于寿命短的种子,采后应及时播种,隔年种子几乎全部丧失其发芽力。

## ☞ 14. 怎样测定野菜种子的质量?

野菜种子质量优劣,与生产关系极为密切,只有出苗速度快,出苗整齐,秧苗纯度高,生长健壮才能打下丰产基础。所以测定种子纯度、饱满度、发芽率、发芽势以及生活力的强弱,是非常重要的。测定内容有以下几项。

**(1)纯度**

指种子样本中属于本品种的质量百分数。不属于本品种的种子及泥沙、栽培器、皿残体等杂质都属于杂质。计算纯度可用下式计算:

$$种子纯度=\frac{供试样品总量-(杂质量+杂种子重)}{供试样品总重}$$

**(2)饱和度**

用 1 000 粒种子的质量(g)来表示,称为种子“千粒重”或绝对重量。绝对重量越大,说明种子越饱满充实。同时也是估计播种量的依据。

**(3)发芽率**

是指样本种子的发芽百分数。按下式计算:

$$种子发芽率=\frac{发芽种子粒数}{供试种子粒数}\times 100\%$$

测定发芽率可以在垫纸的培养皿中进行,也可在沙盘中进行,尽量使温度、水分、光照、氧气等条件接近生产田的条件,使其更有代表性。一般种子发芽率分为甲、乙 2 级,甲级种子要求发芽率为 90%~98%,乙级种子发芽率为 85%左右。但伞形科种子是双悬果,有 2 粒种子,常有一些秕种,发芽率只要求在 65%左右。

**(4)发芽势**

是指发芽速率和整齐度,表示种子生活力强弱的程度。

因为测定发芽率不限定时间，直到不再发芽为止，但是发芽期持续太长，晚出芽的种子没有生产价值，播种晚出苗时间过长，晚出苗的不但苗弱，往往在一定时间内不能出土，土壤水分已经不足，如果浇水对已出的苗又不利，所以只能按一定时间计算种子的发芽率，即所谓发芽势。紫苏、青蓝菜、蒲公英、车前等叶菜类为 3～7 天。计算法芽势按下式进行：

$$种子发芽势=\frac{规定天数内的种子发芽粒数}{供试种子粒数}\times 100\%$$

**(5)种子生活力快速测定**

为了在几个小时内就能测定出蔬菜种子是否丧失发芽力，也有不少方法，其中最简便易行的是染色法。先把种子用 30℃温水浸泡 2～3 h，然后剥离出胚，连同子叶放在染色液中浸泡 3～4 h。染色液用 0.2％的胭脂红溶液，凡具有活力种子的胚细胞原生质不着色，死种的胚被胭脂红染上红色。

## 15. 野菜选种、采种有哪些注意事项？

首先，在植株生长过程中，选择品种纯正、无病虫害、生长发育健壮的优良单株作为采种母株。其次，对留种的母株要加强肥水管理，防止品种杂交。最后，要及时采收发育成熟、饱满、粒大而重的种子。采集的种子一般宜阴干或晒干。干后装入种子瓶、铁罐或纸袋，放于干燥处保存，切忌用塑料袋装种子。

## 16. 种子萌发的条件是什么？

种子萌发，除本身必须具备生活力这个内在因素外，还要求综合的外界条件，主要是适宜的水分、适宜的温度和充足的氧气，这 3 个条件缺一不可。

(1)水分

种子萌发需要吸足水分，才能进行各种生物化学反应和生理活动。各种野菜种子萌发所需要的水分不同。一般来说，脂肪类种子吸水量较少，含蛋白质高的种子吸水多，而淀粉质种子吸水居中。如豆科较禾本科吸水量大，这是由于前者蛋白质丰富，亲水性大的原因。在播种时，土壤必须保持一定的湿度，才能促进种子萌发，过分干燥或水分过多，都不利于种子萌发。

(2)温度

种子萌发需要适宜的温度，温度过高或过低都有碍萌发。由于野菜的种类不同，种子萌发的温度范围也不相同。喜温、耐热性野菜的种子，萌发所需要的温度较高；喜阴凉、耐寒的野菜的种子，萌发所需要的温度较低。所以栽培上必须根据野菜种子发芽的适宜温度范围确定具体的播种时间。

(3)空气

种子萌发时，呼吸作用强烈，常需要吸收很多氧气。土壤氧气供应状况对种子发芽有直接影响。一般野菜的种子发芽需要 10%以上的氧气浓度才能正常发芽，尤其是含脂肪较多的种子，萌发时需要更多的氧气。如果播种过深，土壤水分过多，地面板结，导致土壤中空气不畅通，氧气缺乏，妨碍种子萌发。

此外，少数种子萌发还需要短时间的光照，但多数种子萌发与光照无关。

## ☞ 17. 种子前处理的优点有哪些?

播种前进行种子处理,不仅可以提高种子品质,防治种子病虫害,打破种子休眠,促进种子萌发整齐和幼苗健壮生长,而且方法简单,取材容易,成本低,效果好,是一项有效的增产措施,生产上已广泛采用。



## ☞ 18. 种子处理的方法有哪些?

种子处理的方法很多,常用的方法可以分为化学物质处理、物理因素处理和生物因素处理 3 种。

## ☞ 19. 化学物质处理的方式分为哪些?

**(1)普通药剂处理**

根据种子的特性,选择适宜的化学药剂和适当的浓度处理种子,可收到良好的效果。



**(2)生长激素处理**

常用的激素有吲哚乙酸、$\alpha$-萘乙酸、2,4-D、赤霉素等。

**(3)微量元素处理**

通常使用的微量元素有硼(B)、锰(Mn)、锌(Zn)、铜(Cu)、钼(Mo)等,一般以浸种使用为好。

## ☞ 20. 物理因素处理的方式分为几种?

**(1)浸种**

对于大多数较容易发芽的种子,用冷水或温水(40～50℃)或冷、热水变温交替处理 12～24 h,不仅能使种皮软化,增强透性,促进种子萌发,而且还能杀死种子内外所带的病菌,防止病害传播。

(2)晒种

播前晒种能促进某些种子的生理后熟，提高发芽势和发芽率，还能防治病虫害。晒种时间长短，要根据种子的特性和温度高低而定。晒种时要经常翻动种子，促使受热均匀，防治温度过高灼伤种子，并要防止混杂，保证种子纯度。

(3)擦伤处理

对于一些种皮硬实、含有胶质或蜡质、吸水力差的种子，可分别采用机械损伤、人工剥壳、搓擦或用硫酸、赤霉素等化学药剂和生长刺激素处理，以便损伤种皮，使较难透水透气的种皮破裂，增强透性，促使种子萌发。

(4)层积处理

对于要求在低温湿润条件下才能完成胚后熟的种子，常采用低温或湿沙层积低温处理的方法，以打破休眠，促使发芽。所谓层积处理，即用一层湿沙，一薄层种子，再盖一层湿沙，再撒一薄层种子，如此重复层层堆积的方法来处理种子。层积法是打破种子休眠常用的方法。

(5)射线处理

科学试验证明，α，β，γ，X 射线等低剂量（100～1 000 伦琴）处理种子或种茎，有促进种子发芽、生长旺盛、早熟增产等作用。

(6)超声波处理

利用频率高达 20 000 Hz 以上的超声波对种子进行短暂处理（15～300 s），有促进发芽、加速幼苗生长、提早成熟、增加产量等作用。

## 21. 如何进行生物因素处理？

野菜在栽培生产上可采用细菌肥料拌种，增加土壤有益微生物，把土壤和空气中植物不能直接利用的元素，变成植物可吸收利用的养料，以促进植物的生长发育。常用的菌肥有根瘤菌剂、固氮菌剂、“5406”抗生菌肥等。如豆科植物歪头菜等，用根瘤菌剂拌种后，一般可增产15%以上。

## 22. 如何进行种子的浸种?

浸种的关键技术首先为水温，可以根据种皮的薄厚、种子的含水量确定水温。硬实种子可采用逐次增温浸种的方法。种子和水的比例以1∶3为宜；浸种时间，根据种子大小、内含物而定。一般种皮坚硬、透水性差的种类时间可长些，并注意换水。

**(1)冷水浸种**

常温凉水浸种，要求每天至少换1次水。种子坚硬过大的，浸种前可用热水烫种子，并不断搅拌，防止烫伤种子。

**(2)温汤浸种**



在40～45℃水温时浸种，边浸边搅，直至水温降至室温，浸泡4～5 h捞出即可。

## 23. 种子催芽的方法是什么?

将浸好的种子放于湿毛巾上，并保持其温湿度，对于分泌物较多的种子应经常冲洗，直至种子露白。

## 24. 如何确定播种期?

大多数野菜的播种通常以春、秋两季为多。对于一般耐寒性差的、生长期较短的一年生草本植物以及种子没有休眠特性的木本植物宜在春季晚霜过后播种，如紫苏、青蓝菜等。对于耐寒性较强、生长期较长或种子需要休眠的植物一般在酷暑过后秋凉时播种。总之,应根据野菜的生物学特性,结合当地的气候条件,做到不违农时,适时播种,尤其是在野菜的引种过程中更应注意。

## 25. 如何确定播种量?

野菜种子的播种量应根据播种方法、密度、种子千粒重、发芽率等情况而定。通常种植密度大、千粒重高而发芽率和清洁度低的种子,播种量应稍多些;反之,则可少些。

## 26. 如何确定播种深度?

播种深浅和覆土厚薄与种子大小及其生物学特性、土壤状况、气候条件等多种因素有关。一般播种深度为种子直径的 2～3 倍。

## 27. 播种时应该掌握的原则是什么?

播种时应掌握以下原则:大粒种子宜深,细小种子宜浅;沙质土宜深,黏质土宜浅;干旱季节和地区播种宜深,湿润多雨季节宜浅;同样大小的种子,单子叶植物种子宜深,双子叶植物种子宜浅;种根类宜深,种茎类宜浅。播种的深浅常决定苗的好坏,应适当掌握。

## 28. 野菜的播种方式有哪些?

野菜的种子大多数可直播(即直接播于大田),但有的种子苗期需要特殊管理或生育期很长,应该先在苗床育苗,然后移植大田,如马兰、荠菜等。在播种操作上大致可分为

撒播、条播和穴插(点播)3 种,一般苗床育苗以撒播、条播为好,大田直播则以点播或条播为宜。具体区分如下:

**(1)撒播法**

是将种子均匀地撒于畦面上的方法。多适用于细粒种子及大量播种时,如排香草、荠菜等。其缺点是幼苗拥挤,光照不足,通透性差,易徒长和发生病虫害;同时也浪费种子。

**(2)条播法**

是将种子成行均匀播下的方法。其优点是光照充足,通透性好,幼苗生长健壮且便于管理,一般野菜育苗多采用此法。

**(3)穴播法**

又称点播,即按一定的行株距挖穴直接将种子播入穴内的方法。此法适于大粒或种子缺少时的播种,如费菜等。

## (二)扦插繁殖



### ☞ 29. 什么叫扦插繁殖?

扦插繁殖又称插条繁殖,是利用植物营养器官的再生能力和发生不定芽或不定根的性能,切取根、茎、叶的一部分,插入沙床或其他生根基质中,使其发根,成为新个体的一种快速繁殖方法。凡容易产生不定根的野菜,均可采用扦插繁殖。此法经济简便,技术要求不高,在繁殖中被广泛采用。

### ☞ 30. 扦插繁殖有何优点?

①能够将亲本的优良遗传性状很好的保存下来,通过

扦插可以培育出个体之间遗传性比较一致的无性系。因此,如果发现有价值的芽变,通过扦插可以培育成优良品系。

②如条件适合,进行扦插育苗,可以节省劳力,降低生产费用。

③扦插可以在短期内培育出大苗,缩短育苗时间,提高土地利用率。

④扦插苗根系伸展良好,栽植成活率高,生长快。

⑤扦插苗一般比较健壮,对病虫害、干旱及霜冻的抵抗力强。

## ☞ 31. 影响插条成活的因素有哪些?

**(1)插条的内在因素**

植物的扦插生根成活,首先决定于野菜植物的种类和品种。不同种类、不同品种、同一植株的不同部位,根的再生能力均不相同,如马齿苋、荠菜等枝插最易发根;排香草次之。枝条年龄对扦插影响也很大,枝龄较小,皮层幼嫩,其分生组织生活力旺盛,再生能力也强,易生根成活。还有插条中营养物质的淀粉和可溶性糖类含量高时发根力强,含氮有机物和硼等对根原基的形成和分化有一定的作用。此外,激素能加强淀粉和脂肪的水解,提高过氧化氢酶等的活性,促进新陈代谢,加强可溶性化合物向插条下部运行,从而加速细胞分裂和愈伤组织的形成,以提高插条的生长能力。

**(2)环境条件**

在扦插繁殖的插条生根期间,大气中应保持较大湿度,避免插条水分散失过多而枯萎。因此,插床土壤应保持湿润，其水分含量不能低于田间持水量的50%～60%，尤其在温度较高，光照较强的情况下；若水分不足，则影响插条的成活。其次，各种植物插条生根对温度与空气有一定的要求，一般插条生根最适土温为15～20℃。土壤通气良好有利于插条发根，故苗床以选择土质疏松，通气和保水状况良好的沙质壤土为宜。

## 32. 如何进行扦插繁殖？

根据扦插材料的不同，生产上常用的方法有：

**(1)嫩枝插**

插穗采自当年生发育充实而未木质化的枝条，如荠菜，在雨季剪取嫩枝进行扦插，容易生根。

**(2)硬枝插**

多用于落叶木本野菜植物，在秋季落叶后到春季萌发前进行扦插。也可将当年生枝条，截成10～20 cm长的小段，捆成50根/捆，倒埋于湿润的沙土中越冬，第二年春取出扦插。

木本野菜宜选一二年生枝条，草本野菜用当年生幼枝或芽做插穗。扦插时将枝条剪成10～15 cm的小段(每段应有2～3个芽)，上切面在芽的上方微斜，下切面在节的稍下方剪成斜面。常绿树的插条应剪去叶片或只留顶端1～2片树叶，一般宜边剪边插。在准备好的插床上，先开槽沟，将插条按一定株距斜倚沟壁，上端露出土面为插条的1/4～1/3，覆土按紧，使插条与土壤密接。插好一行浇水后再依次扦插。嫩枝扦插应搭设荫棚，或用芦席等覆盖。扦插期间注意浇水，保持土壤湿润，以利生根长叶。

选取插穗时应注意：以采集幼龄及壮龄母树上的枝

条为好；在同一株树上，以中上部枝条为好；在同一根枝条上，以中部的为好；一二年生枝条比老枝条好；母本为实生苗的比营养苗的为好；节间短、腋芽饱满、枝条粗壮的为好。



## ☞ 33. 何时为扦插繁殖的适宜时期?

对于野菜的扦插适宜时期，主要是掌握其枝芽萌动的时机。过早，营养物质还没有输送到枝条，芽尖得不到萌发时所需要的养分；过晚，叶子已长成枝条难以发根。一般草本植物适应性较强，扦插时间要求不严，除严寒酷暑外，都可以进行。木本野菜一般以休眠期为宜；草本野菜则宜在温度较高、湿度大的雨季扦插。

## ☞ 34. 促进扦插生根的方法有哪些?

将采集的插穗，剪成10～15 cm长的小段，每段要带有2个以上的节位。然后，在其下端贴近节位处削成马耳形。为了提高扦插成活率，促进生根，可采用下列方法进行处理。

**(1)机械处理**

对于某些扦插不易成活的植物，可预先在较长时期内选定枝条，采用环割、刻伤、缢伤等措施，使营养物质积累于伤口附近，然后剪取枝条扦插，可促进发根，提高成活率。

**(2)化学药物处理**

有不少植物在一般自然条件下扦插生根缓慢或困难，若经化学药剂处理，可促使迅速生根。

**(3)生长素处理**

在扦插繁殖育苗生产上常用的有萘乙酸(NAA)、吲哚乙酸(IAA)、吲哚丁酸(IBA)、$B_9$(阿拉 Alar)、赤霉素、胡敏酸、三十烷醇等。用这些激素来处理插条,可显著缩短插条发根时间,并诱导生根困难的植物插条发根,从而提高成活率。

使用方法一般有 2 种:一种是溶液浸泡法,将称好的生长素用少量 95%的酒精调成糊状,然后以 70℃的温水稀释成所需要的浓度,待凉后即可使用。常用的浓度为 5 000～10 000 mL/L。浓度大的浸泡几秒钟,浓度低的浸泡几分钟。另一种是粉剂处理法,即用 95%酒精溶解药剂,倒入滑石粉中,搅拌均匀后,再将粉剂加热,使酒精挥发掉。然后,将插条基部先在水中湿润一下,再蘸上粉剂进行扦插。粉剂常用浓度为 5 000～10 000 mL/L。

$B_9$是一种植物生长调节剂,近年来大量应用于插条,对促进发根有明显的效果。溶液常用浓度为 500～1 500 mL/L,浸泡十几秒钟。

此外,赤霉素、三十烷醇等生长素对促进发根也有一定效果。



在具体应用生长素时,应根据不同植物或不同器官掌握好浓度与处理时间,以防发生药害。

## ☞ 35. 扦插对土壤有哪些要求?

选富含腐殖质、肥沃疏松的土壤,以前茬为豆科作物或原有菜地为好。

## ☞ 36. 扦插用土壤需要做哪些准备?

扦插用土壤要施以基肥,一般用腐熟堆肥及人粪尿作基肥,每 667 $m^2$(亩)施基肥 1 500～2 000 kg。

### ☞ 37. 扦插枝条该如何选择?

在种株上选取粗壮枝条,截成长 5～20 cm、具有 2～3 个种芽的段,作为种苗扦插。这些种苗最好选原来枝条的基部或中部,枝条顶端的嫩弱部分不宜采用。

### ☞ 38. 扦插后如何管理?

生长期需肥多且耐肥,插条发生新根、新梢后就要立即薄施追肥,每隔 10～12 天施 1 次,用腐熟人粪尿对水,初期浓度为 10%～20%,生长盛期浓度为 30%～40%,也可每 667 $m^2$ 施磷酸铵 5 kg。以后根据长势每隔 7～10 天追肥 1 次。采收期为促使其发嫩尖,每隔 30 天左右应追肥 1 次,以氮肥为主,适当追施磷、钾肥。扦插枸杞根系浅,吸收能力弱,平时应注意灌溉,保持土壤湿润,及时中耕除草、培土。平时还应注意修剪,使嫩尖密集在同一水平采摘面上,以便于采摘。



## (三)分离繁殖

### ☞ 39. 什么是分离繁殖?

将植株的萌蘖、球茎、鳞茎、块茎、根茎或珠芽等营养器官,自母体上分割下来,繁殖成独立新个体的方法,叫做分离繁殖。

### ☞ 40. 分离繁殖有哪些方式?

①分球茎:可将地下小球茎用来培育成新植株。

②分鳞茎:如野韭,可将地下小鳞茎分瓣或切瓣进行繁

殖，成为新个体。

③分块茎：可将地下新生的小块茎用来繁殖成新植株。

④分根茎：如紫菀、薄荷、鸭跖草等，可在早春选取带芽的根茎，分割下来另行栽植。

⑤分珠芽：如野韭等的叶腋或花序部长有珠芽，取下可繁殖成新个体。



## 41. 分离繁殖的时期如何确定？

分离时期因野菜品种和气候而异，一般在秋季(9～11月份)或春季(2～4月份)植株休眠期或萌动前进行。

## 42. 分株繁殖有哪些注意事项？

分株繁殖，全年均可进行，以5～6月份为好。此时，母株已搬入荫棚，气温变化比较稳定，将母株轻轻剥开，每盆栽2～3丛匍匐枝，栽后放蔽荫处，并浇足水保持潮湿，当根茎上萌出新叶时，再移入半阴处养护。



## 43. 分株繁殖后如何管理？

保持较高的空气湿度，夏季高温时每天早晚需喷雾数次，并注意适当通风。盛夏要避免阳光直射，但浇水不宜太多，否则叶片易枯黄脱落。生长期每10天施1次稀释腐熟饼肥水。若要周年生产，温度要保持在20～30℃，新叶就会不断萌发，昼夜温差不宜太大。当温度高于35℃或低于15℃时，生长受到抑制。越冬温度应保持在5～10℃，否则易受冻害。

## (四)压条繁殖

### ☞ 44. 什么是压条繁殖?

将植物的茎或枝条压入土中,待生根后与母株分离而成活为新植株的繁殖方法即称压条繁殖。对于那些采用扦插、嫁接等不易成活的野菜常用此法繁殖。

### ☞ 45. 如何确定压条繁殖的时期?

压条时期应视野菜种类与当地气候而定。一般落叶野菜多在秋季压条,尤以 7～8 月份为好,因此时枝条充分成熟,营养物质积累较丰富,生根快,长出的新个体健壮;而常绿野菜一般宜在雨季压条,因为此时温度高,湿度大,不仅容易生根,而且有充分的生长时间。

### ☞ 46. 压条繁殖的方法有哪些?

**(1)普通压条法**

从母株上选择靠近地面枝条的适当部位进行环割,然后将其割伤处弯曲压入土中,并用树杈钉桩加以固定,留压条枝稍露出地面,且用支柱扶直扎牢,待生根后剪下与母体分离另行移栽。

**(2)高空压条法**

多用于高大乔木或木质化强的灌木。在母株上选一二年生枝条,在准备触土的部位刻伤或环割,用牛粪或松软细碎肥土和苔藓混合后缚裹于枝条环割处,然后用塑料薄膜包扎,下口捆紧,上口稍松,或用从中部剖开的竹筒套住,其内填充肥沃细土，注意浇水，经常保持泥土湿润，待长出新根后，将其从母株上剪下，解去塑料薄膜或竹筒进行栽植。

**(3)基部堆土压条法**

在伐桩或实生枝条基部先行环割，或先将枝条于近地面处短截，使其萌发多数分枝，再在基部堆覆泥土，待分枝长出新根后于晚秋或早春分离移植。此法用于根部萌蘖多，分枝较硬而不易弯曲入土的野菜。

## (五)嫁接繁殖

### 47. 什么是嫁接繁殖?

嫁接繁殖是人为地将同科属植物的枝或芽(称接穗)，结合到另一植株的茎(或砧木)上，使接穗和砧木的形成层结合，产生愈伤组织形成一株独立植株的方法。



### 48. 野菜采用嫁接繁殖有哪些优缺点?

采用嫁接繁殖不仅能加速植物的生长发育，保持母本的优良性状，提高植物的适应性和抗逆性，而且还能选育新品种，加速优良品种的繁殖。但是，野菜的嫁接有可能引起有效成分的变化。

### 49. 野菜嫁接的方法有哪些?

**(1)芽接法**

此法是在接穗上削取一个芽片嫁接于砧木上，成活后由接芽萌发形成植株。它具有接合牢固，易成活，操作方法简便，效率高等优点。该法根据接芽形状不同又可分为芽片接、环状芽接、丁字芽接和芽眼接等几种方法。目前应用最广的是芽片接。做法是在夏末秋初(7～9月份),接穗发育充实,而砧木和接穗皮容易剥离时,选径粗0.5 cm以上的砧木,在适当部位选平滑少节处横切一刀,再从上往下纵切一刀,长约1.8 cm。切时要切穿皮层,不伤或微伤木质部,切面要求平直。接着在接穗枝条上用芽接刀削取盾形稍带木质部的芽,由上而下将芽片插入砧木切口内,使芽片和砧木皮层相互紧密贴实,并用塑料布带或尼龙薄膜绑扎。芽接后7～10天,轻触芽下叶柄,如叶柄脱落,芽片皮色鲜绿,证明已经成活。反之,叶柄下落,芽片表皮呈褐色皱缩状,证明未接活,应重接。接芽成活后15～20天,应消除绑扎物。待接芽萌发枝后,可在芽接处上方将砧木的枝条剪除。以促进营养物质集中供往已接活的新枝,经培育一段时间长足根后即可将苗移到大田定植。



**(2)枝接法**

枝接是用一定长短的一年生枝条为接穗进行嫁接,为应用较广泛的方法之一。根据嫁接的形式又可分为劈接、切接、舌接、皮接、靠接等,其中最常用的是劈接法和切接法。劈接多在早春树木开始萌动而尚未发芽前进行。先选取砧木,以直径2～3 cm为宜,在离地面2～3 cm或平地面处将砧木横切,选皮厚纹理顺的部位劈深3 cm左右,然后取长5～6 cm带有2～3个芽的接穗,在其下方两侧削成一平滑的楔形斜面,轻轻插入砧木劈口,使接穗和砧木双方的形成层相互对准并紧密相接合,随即用塑料布条或尼龙薄膜扎紧,用黄泥浆封好接口,再于接穗四周培以湿润细土,并适度给予镇压。

切接的步骤是：①在接穗下端，浅削一 3 cm 左右的长削面，再在其背面也斜削一长 0.5 cm 的短削面。长削面要平滑，最好一刀削成，这是成活与否的关键。②在接穗的上端，保留 2～3 个芽后剪断。③将砧木离地面3～5 cm 处截断，选一边用刀垂直切开，其长度与接穗的长削面相等。④将接穗插入砧木的切开部分，长削面靠里（即向髓心部），短削面朝外，使一侧形成层吻合。⑤用麻绳等绑好后，覆土盖没接穗顶部，以防干枯。嫁接成活后，要及时除去萌枝。

## （六）孢子繁殖

### 50. 哪种野菜适合进行孢子繁殖？

蕨菜较适合进行孢子繁殖，蕨类植物通常在叶片背面产生孢子囊，囊中的孢子成熟时自行散落。孢子很细小，呈粉状，多数为黄褐色。孢子着土后，在适宜的环境条件（20～25℃）下，即可萌发成原叶体。原叶体产生颈卵器和精子器，颈卵器中的卵受精后成为合子，合子发育成绿色孢子体，即成长为新植株——蕨类植物。

### 51. 进行孢子繁殖时有哪些注意事项？

人工繁殖时，应在该蕨菜孢子成熟前收集，否则，成熟的孢子自行散落，难以收集。而后选用消毒泥炭或腐叶土，装入播种木框内，然后将收集的蕨菜成熟种子，均匀播于木框内，喷雾保持土面湿润，一般 2 个月后长出孢子体。

## (七)组织培养

### 52. 什么是组织培养?

组织培养是从母株上取一部分组织,如叶、茎、芽、根等,在无菌试管中配合一定的营养、激素、温度、光照等条件,使其产生完整植株的一种方法。

### 53. 组织培养有何意义?

利用组织培养的方法,能保持原品种固有的优良性状,在短期内进行大量繁殖,既不受季节和环境条件的限制,也可复壮、分离出无病植株,实现育苗工厂化、自动化。因此,组织培养作为营养繁殖的一种最新手段,在野菜生产中已取得了可喜的成果,为野菜工厂化生产,开辟了新的途径。

### 54. 组织培养常用培养基有哪些?

培养基是用于组织培养繁育花苗的物质。包括植物的细胞、组织或器官再生所必需的营养物质。其中包括野菜生长必需的大量元素、微量元素、蔗糖、维生素、氨基酸以及植物激素等。一般野菜组织培养使用的培养基为 MS 培养基。

MS 培养及配方(pH 值=5.8)

| 化合物 | 数量/(mg/L) |
| --- | --- |
| 氯化钙($CaCl_2 \cdot 2H_2O$) | 440 |
| 硫酸亚铁($FeSO_4 \cdot 7H_2O$) | 27.80 |

| | |
|---|---|
| 硝酸钾（$KNO_3$） | 1 900 |
| 硫酸铜（$CuSO_4 \cdot 5H_2O$） | 0.025 |
| 硫酸镁（$MgSO_4 \cdot 7H_2O$） | 370 |
| 氯化钴（$CoCl_2 \cdot 6H_2O$） | 0.025 |
| 硝酸铵（$NH_4NO_3$） | 1 650 |
| 甘氨酸 | 2 |
| 磷酸二氢钾（$KH_2PO_4$） | 170 |
| 盐酸硫胺素 | 0.1 |
| 硫酸锰（$MnSO_4 \cdot 4H_2O$） | 22.3 |
| 盐酸吡哆素 | 0.5 |
| 硫酸锌（$ZnSO_4 \cdot 7H_2O$） | 8.6 |
| 烟酸 | 0.5 |
| 硼酸（$H_3BO_3$） | 6.2 |
| 肌醇 | 100 |
| 碘化钾（KI） | 0.83 |
| 蔗糖 | 30 000 |
| 钼酸钠（$Na_2MoO_4 \cdot 2H_2O$） | 0.25 |
| 琼脂 | 10 000 |
| 乙二胺四乙酸二钠盐（$Na_2EDTA \cdot 2H_2O$） | 37.25 |
| 氢离子浓度 | 1.585 μmol/L |



## 55. 怎样配制培养基？

配制培养基与配制营养液基本相同，只是在加入无机盐之后不定容，而是以每升培养基所需的粉剂原料加水800 mL左右，加水煮沸，使琼脂完全融溶，冷却到80℃左右加入蔗糖，60℃左右加入有机物，调节氢离子浓度并定容，在温度尚未降至40℃时分装到试管或三角瓶中。用牛皮纸封口，然后在120℃温度下灭菌15 min。

## ☞ 56. 组织培养一般的步骤是怎样的?

取材→材料消毒→制备外植体→接种→增殖培养→诱导不定根→炼苗→移栽。

## ☞ 57. 哪些野菜适于组织培养?

可以使用组织培养方式繁殖的野菜品种很多,但由于组织培养方法要求较高,费用投入也较大,因此一般只在用种子繁殖较慢或材料较稀少的品种上。玉竹、黄精、荠苨、沙参等根用野菜使用组织培养的较多。

# 三、土壤消毒

## ☞ 58. 土壤消毒的方法有哪几种?

为了防治土壤传播的病虫害,土壤消毒是十分必要的。常用的消毒方法有以下几种。

**(1)蒸汽消毒法**

有条件的地方可以用管道(铁管等)把锅炉中的蒸汽引过到一个木制的或铁制的密封容器中,把土壤装进容器进行消毒。蒸汽温度在 100～120℃。消毒时间为40～60 min。在容器中铁管上打一些小孔,蒸汽由小孔喷发出来。

**(2)高温消毒法**

在少量种植时可以用大锅炒土的方法。要不断地翻动,温度 120～130℃时,消毒 40 min 即可。

**(3)药剂消毒法**

甲醛:用 40%的甲醛 400～500 mL 浇灌土壤,并密闭 2～4 h即可。消毒后,土壤要晾晒 3～4 天,待药剂挥发后再使用。也可以用甲醛 50 倍液土壤浇灌,密闭 24 h,再晾 10～14 天即可使用。

氯化苦:是一种剧毒熏蒸剂,即可杀虫、杀鼠、灭菌,又可防治线虫。25 穴/$m^2$,穴深 20 cm,穴距 20 cm,每穴灌药液 5 mL,施药后立即用土把穴盖上、踩实,在土壤表面洒水,延缓药剂挥发。气温在 20℃以上时 保持 10 天;15℃时保持 15 天,然后多次翻地耙地,以免药剂对植物的根系产生影响。使用氯化苦时要戴手套和防毒面具。

70%五氯硝基苯粉剂:每 667 $m^2$ 施 2.5～5 kg,然后翻入土壤内,也可防治病虫害。

# 四、野菜的主要品种

## (一)菜用枸杞

### ☞ 59. 菜用枸杞有哪些别名?

菜用枸杞(图 1)又叫枸杞菜、枸芽菜,是一种主要食用嫩茎叶的野菜,温室内周年生长,不开花结实。

图 1　菜用枸杞

### ☞ 60. 菜用枸杞生长要求怎样的环境条件?

菜用枸杞喜阴凉、湿润的气候。生长发育适温为 15～

20℃，10℃以下生长缓慢，25℃以上生长不良。

菜用枸杞喜光，在遮阳环境下虽能生长，但产量低。根的萌蘖性和地上部分发枝能力强，喜肥。

菜用枸杞适应性强，耐寒、耐旱、耐盐碱、耐肥，怕渍水。无论在沙壤土、壤土、黄土沙荒地、盐碱地均能生长。人工栽培以土层深厚、肥沃、排水良好的沙质壤土和中性或微碱性的土壤为好。水稻田、芦苇地旁、田埂边以及低洼积水之地不宜种植。

## 61. 菜用枸杞的繁殖方式有哪些？

菜用枸杞有多种繁殖方法，生产上主要使用扦插和分株繁殖。

**(1)扦插繁殖**

扦插多在春季树液流动后萌芽放叶前进行。选一年的徒长枝或七寸枝，截成15～20 cm长的短枝。上端剪成平口，下端削成楔形，按行株距30 cm×15 cm斜插于苗床内，保持土壤湿润，成活率达95%以上。

**(2)分株繁殖**

菜用枸杞分蘖能力很强，常在根际周围发生许多根蘖苗，直接挖取其根蘖苗进行移栽。该办法省工，但品种的好坏不易辨别。为了避免以上缺点，可截取长在母株根茎下部或距母株10～25 cm的范围内的水平根上的分蘖苗进行移截。

## 62. 怎样进行菜用枸杞的土壤准备？

菜用枸杞的适应性很强，耐寒，对土壤要求不严格，耐碱、耐肥、抗旱，但是怕渍水，因此宜选用靠近水源的沙质壤土，轻壤土次之。含盐量在0.2%以下为宜。秋季深耕20～30 cm，每667 $m^2$ 施厩肥2 000～2 500 kg，肥料充足时每

667 $m^2$可施 4 000～5 000 kg，撒匀耕翻入土中，并浇冻水。次春播种前浅耕细耙作畦，宽 1 m，长不限，整平畦面待栽。

## 63. 怎样进行菜用枸杞的田间管理？

菜用枸杞播种或定植后应注意中耕除草，扦插或分蘖苗发根后，每月追施 1 或 2 次肥料，适当浇水，保持土壤湿润。在播后 50～60 天，苗高 50 cm 左右时即可采收；从 5 月份开始陆续采收，采收时将嫩梢剪下，留下 2～3 条嫩枝，以备继续生长发育。嫩梢包装后即可上市出售。

## 64. 菜用枸杞有哪些常见病害？如何防治？

菜用枸杞常见的病害有白粉病、灰斑病。

**(1)白粉病**

为真菌性病害，主要危害叶片，病菌以闭囊壳随病残体遗留在土壤表面越冬。发病初期叶两面生近圆形的白色粉状霉斑，后逐渐扩大至整个叶片，被白粉覆盖，形成白色斑片。

防治方法

①秋末冬初清除病残体及落叶，集中进行深埋或烧毁。

②田间注意通风透光，合理密植，必要时疏除过密枝条；

③药剂防治：发病初期喷 50%杀菌灵可湿性粉剂 1 500倍液，或 45%晶体石硫合剂 150 倍液，或 36%甲基硫菌灵悬浮剂 500 倍液，或 30%碱式硫酸铜悬浮剂 400 倍液，每 10 天左右喷 1 次，连续 2 或 3 次。对上述杀菌剂产生抗药性的地区可改用 40%福星乳油 8 000～10 000 倍液，每 20 天喷 1 次，防治 1 或 2 次，采收前 3 天停止用药。

**(2)灰斑病**

为真菌性病害，主要危害叶片。叶片染病后，初为圆形至近圆形病斑，边缘褐色，中央灰白色，叶背常有黑灰色霉状物。高温多雨年份，土壤湿度大，空气潮湿，土壤缺肥，植株衰弱时易发病。

防治方法

①选用良种；秋季落叶后及时清洁田园，清除病叶、病果，集中进行深埋或烧毁；

②加强栽培管理进行配方施肥，增强植物抗病性。

③药剂防治：进入 6 月份开始喷 75%百菌清可湿性粉剂 600 倍液，或 64%杀毒矾可湿性粉剂 500 倍液，或 70%代森锰锌可湿性粉剂 500 倍液，每 10 天左右喷 1 次，连续 2 或 3 次。采收前 7 天停止用药。

## ☞ 65. 如何防治菜用枸杞常见虫害?

菜用枸杞常见旱害为负泥虫，成虫和幼虫取食叶片，造成不规则的缺刻和孔洞，严重时全叶吃光，并在枝条上排泄粪便，严重影响枸杞的产量和品质。

防治方法

①春季越冬幼虫复苏活动时，结合田间管理灌溉松土，破坏其越冬环境，消灭越冬虫口。

②在幼虫和成虫为害盛期用 90%敌百虫晶体 1 000 倍液，20%速灭杀丁 3 000 倍液或 20%杀灭菊酯 3 000 倍液等喷雾，视虫情共喷 3～5 次，间隔 10 天左右。

## ☞ 66. 菜用枸杞的膳食功效及营养成分是什么?

菜用枸杞有滋肝、补肾之功效，可增强人体免疫力，防癌抗癌。对于近视、风热感冒、夜盲、高血压、糖尿病、贫血等有较好疗效。每 100 g 菜用枸杞嫩苗中含有脂肪 0.6 g、碳水化合物 5.6 g、粗纤维 2 g，还含有维生素 B、维生素 C、胡萝卜素、钙、磷、铁等物质。

## ☞ 67. 怎样食用菜用枸杞？

菜用枸杞的嫩叶在整个生长季中均可采摘，其味道鲜嫩可口。

菜用枸杞的做法很多，可开水焯熟后做馅或与肚丝、豆皮等凉拌；可与笋丝、鸡蛋、猪里脊、腰花、猪心等炒食；与绿豆、菊花、猪肝、猪肉茸等煮粥；与银耳、何首乌、人参、鹿茸片、猪心、鸭肾、当归、鸽蛋、黄芪、乳鸽、红枣等煲汤，营养丰富。

# （二）玉竹

## ☞ 68. 玉竹有哪些别名？

玉竹（图 2）又叫尾参、铃铛菜、连竹。

图 2　玉竹

## 69. 玉竹有怎样的生长习性?

玉竹喜凉爽、潮湿、荫蔽的环境,耐寒,生命力较强,可在石缝中生长,多生长于山野阴湿处,林下及落叶丛中。以土层深厚,排水良好肥沃的黄沙壤土或红壤土生长较好。生、熟荒山坡可种植,太黏或过于疏松的土均不宜种植。忌连作,以前茬为玉米、花生为好。

## 70. 玉竹在什么季节栽培?

玉竹是耐寒性植物,一般 3 月下旬即可栽种,秋播可在 10 月上旬,播种于露地,栽种后 2 年春、秋两季都可刨收,秋季在地上部分枯萎变黄后,春季在出芽前刨收。

## 71. 玉竹的繁殖方式是什么?



玉竹主要采取种块繁殖的方法,具体步骤如下:

**(1)采收后种块的处理**

秋季玉竹地上部分枯萎变黄后,地下块茎要进行休眠。为打破玉竹块茎的休眠,可将玉竹块茎刨收后,在 0～5℃之间进行低温沙藏,一般 20～30 天可打破其休眠。种块在打破休眠后可进行晾晒,目的是防止催芽过程中发生腐烂,提高种块温度,促进幼芽发育。

**(2)选种**

玉竹种块的选择应严格按其标准进行,一般选用茎块肥大、丰满、有光泽、白嫩、没有机械伤害、无病虫害的优质玉竹块茎作为种块。淘汰瘦弱、变色、伤害严重、发软的块茎。

(3)催芽

晾晒后将严格选择的种块用筐盛，并用麦秸或草苫等物覆盖，保持温度。将装有玉竹种块的筐放置在催芽室内，在空气相对湿度为80%～85%，温度15～25℃下进行催芽。每天早晚各喷水1次，以保持室内空气湿润。一般20～30天，待幼苗长至1.5～2 cm，直径0.5 cm时即可播种。催芽温度高，出芽快，但幼苗弱、瘦、细长，栽培后生长势弱；催芽温度过低、出芽缓慢，为使芽健壮而出芽时间较短，催芽时应采用15～22℃变温处理为宜。芽的大小及其健壮程度对玉竹的产量影响明显，大芽前期生长快，但中后期易早衰；小芽前期生长缓慢，但中后期生长旺盛，容易高产。芽的适度标准为(0.5～2.0)cm×(0.5～1.0)cm，幼苗粉红色、半早熟、顶端尖，芽的附近有根的突起，为适龄幼苗。

播种前对种块进行表面消毒，可有效防止病害的发生。



## 72. 怎样进行玉竹的土壤准备？

玉竹生长期长，要求土壤具有良好的保水、保肥性。玉竹吸收的氮素75%以上来自于土壤，因此选择供肥性好的土壤是取得高产的关键。通常于前茬作物收获后进行秋耕，一般深耕25～30 cm。冬季经雨雪风化，冻融交替，可改善土壤的物理性质，第二年解冻后细耙1～2遍，再将地面整平，播前即可整地做畦。

玉竹一般采用高畦或平畦种植，南北走向，畦宽1.2～1.5 m，长2 m，高15～18 cm；平畦可做成1.5 m×2 m的畦为宜。

整地时施基肥2 500～3 000 kg。一般用圈肥、堆肥、牛粪、人粪尿等。基肥集中施用较好，具体方法为沿种植沟的一侧开一小的施肥沟，然后将基肥施入沟中，将肥土充分混匀即可。

## 73. 玉竹的播种量及对种块大小的要求是什么？

种块的大小对玉竹植株生长量影响较明显，在一定范围内，育苗越早，植株越健壮，产量也高，生产中种块重量多为 35～50 g，每 667 $m^2$ 用量为 200～300 kg。

## 74. 如何确定玉竹的种植密度？

种植密度与平均单株根茎重的乘积构成了玉竹的产量。其中种植密度是构成产量的基础，而且也是影响产量的主要因素，合理的种植密度又因种块的大小、土壤肥力、环境条件因素而变化。一般情况下行距 30～40 cm，株距 10～15 cm。低肥田种植密度为每 667 $m^2$ 种 10 000 株，中肥田种植密度为每 667 $m^2$ 种 12 000 株，高肥田密度为每 667 $m^2$ 种 15 000 株。

## 75. 玉竹播种时应注意什么？

整地施肥开沟后，选晴暖天气进行播种，播前需按种植面积和现有种块量把玉竹种块掰成大小适宜的种块，与此同时再进行一次块选与芽选，每个种块保留一个短而壮的芽，少数较大种块也可保留 2 个，去除多余的弱芽，淘汰断面发褐的种块。

为保证玉竹田水分充足，播种后顺利出芽，播种时应先顺沟浇透水。播种多采用平播法，即按一定的株距，把种块芽按同一方向倾斜摆放于沟内，并将种块轻轻压入土中，使幼芽与土面齐平。为避免幼芽被太阳晒伤，随排种块用潮湿细土覆盖幼芽及其种块，播种完毕后，耧平沟面；保证覆土厚度为 4～5 cm。如采用地膜覆盖，可将地膜支成 10～15 cm 高的小拱，一幅地膜能盖两沟。

## 76. 怎样进行玉竹的肥水管理?

玉竹播种时必须浇透底水。为保证顺利发芽，出苗 80%以前一般不再浇水，但应视土壤和墒情灵活掌握。沙质壤土，易生长干旱，应适当补水，出苗后应及时浇第一水，过晚则幼芽易受旱，芽尖容易干枯，第一水浇过后 2～3 天可再浇水，然后中耕保墒促进玉竹幼苗健壮生长。幼苗期生长缓慢，生长量少，需水不多，但由于根系弱小，吸水量少，以早晚浇小水为宜。若遇雨涝，应及时排水，进入旺盛生长期，后需水量加大，应保证水分充足，一般每 5～7 天浇 1 次水，使土壤保持湿润状态。

玉竹除应重施基肥外还需按需肥特点进行追肥。幼苗期每 667 $m^2$ 施硫酸铵 10～15 kg，也可用其他速效氮肥。开花期过后开始进入旺盛营养生长期，此时玉竹块茎开始肥大，需水需肥量增加，每 667 $m^2$ 可施豆饼 70～80 kg 或优质厩肥 3 000 kg，另加复合肥或硫酸铵 15～20 kg，追肥可于玉竹苗一侧距植株 15～20 cm 处开沟施入，然后覆土封沟。

## 77. 如何防治玉竹常见病害?

玉竹的常见病害为叶斑病，是一种真菌性病害，主要危害叶片。先从叶尖出现椭圆形或不规则形边缘紫红的中间褐色的病斑，从病斑逐渐向下蔓延，使叶片成为淡白色，枯萎而死。多在夏秋开始发病，雨季发病较严重。

防治方法

①收获后及时清洁田园卫生，将枯枝病残体集中进行烧毁，消灭田园内越冬病原。

②药剂防治：在发病前及发病初期喷 1∶1∶120 波尔多液，或 50%退菌特 1 000 倍液。每 10 天喷 1 次，连续 2 或 3 次。

## 78. 如何防治玉竹常见虫害？

玉竹的常见虫害为蛴螬，主要危害地下根状茎，咬断幼苗根茎，造成幼苗枯死，或蛀食根状茎，造成伤口或孔洞，使植株生长衰弱，影响产量和品质。此外，蛴螬造成的伤口使病菌易于侵染，进而诱发其他病害。

防治方法

①农业防治：秋季或春季深翻地，将部分成虫或幼虫翻至地表，使其冻死、风干或被天敌捕食、寄生及机械死伤；多施腐熟的有机肥，改良土壤结构，改善通透性，提供微生物生活的良好条件，使植物健壮生长，提高抗虫性；调整茬口，合理轮作。

②药剂诱杀：在成虫盛发期用 90%敌百虫 800 倍液喷杀，用 50%辛硫磷乳油拌种可消灭幼虫。药、水、种子的比例为 1∶50∶600。

③灯光诱杀：成虫盛发期，每 30 000 $m^2$ 用 40 W 黑光灯诱杀。

④人工捕杀。

### 79. 玉竹如何采收?

玉竹的收获可在春、秋两季分别进行,春季在玉竹出芽前收获;秋季在地上部分变黄枯萎后进行采收。收获前3～4天需浇水1次,以便收获时玉竹块茎可带潮湿泥土,有利于储藏。

### 80. 玉竹的膳食功效及营养成分是什么?

食用玉竹可起到止渴、润燥的作用。可增强体质、抗病防病、止咳润肺,且有清热润肤、祛斑、消老年斑等美容的功效。对风湿性关节炎,风湿性心脏病等病症有良好的食疗作用。

每100 g鲜品中含胡萝卜素5.4 mg,维生素$B_2$ 0.4 mg,维生素C 230 mg;还含有多种营养元素,100 g干重中含钙600 mg,镁256 mg,磷389 mg,钠30 mg,铁9.9 mg,锰8.4 mg,锌3.5 mg,铜0.6 mg。



### 81. 怎样食用玉竹?

玉竹也可采收茎叶包卷的锥状嫩苗,用开水烫后炒食或做汤。

## (三)青蓝菜

### 82. 青蓝菜有哪些别名?

青蓝菜(图3)的别名有大蓝、板蓝根。

图 3　青蓝菜

## 83. 青蓝菜有怎样的生长习性？

青蓝菜适应性较强，对自然环境和土壤要求不严，能耐寒。春、秋季节温度适宜，叶片生长肥大。其根深长，喜土层深厚、疏松肥沃、排水良好的沙质壤土。土质黏重以及低洼易积水地容易烂根，施肥充足可以连作。

## 84. 怎样进行青蓝菜的土壤准备？

种植青蓝菜应选疏松肥沃的壤土，前茬作物收割后及时翻耕晒垡，秋耕越深对根系的发育越有利，因为青蓝菜的主根能伸入土中一尺多深，因此深耕土层疏松，可以促进青蓝菜的根系发育，增强根系吸收能力，提高产量。结合深耕土地每 677 $m^2$ 施入 3 000～4 000 kg 有机肥作为基肥。将基肥扬撒均匀，再浅耕 1 次，耕后耙细，然后平整做畦准备播种。

## ☞ 85. 青蓝菜在采种、留种时应注意些什么?

青蓝菜当年不结籽,只进行营养生长。若需留籽,则需在10月下旬将青蓝菜的根刨出,选择无病虫害、主根粗大健壮又不分叉的根条,按行株距40 cm×30 cm栽到肥沃的留种田中。栽后及时浇水,加强管理。11月中旬覆上一层薄薄的马粪或圈肥防寒。来年4月秧苗返青时及时浇水、松土,苗高5~6 cm时追肥灌水,促使秧苗旺盛生长。抽薹开花时再施1次追肥,5~6月份种子依次成熟后,采收、晒干、脱粒,存放通风干燥处备用。也可于8月份选向阳、肥沃的地段秋播,封冻前浇1次冻水,幼苗在田里越冬,严寒地区需略加盖土或盖马粪防寒,来年春季间苗定苗,管理同上,5~6月份采收种子。

## ☞ 86. 青蓝菜播种时应注意些什么?

青蓝菜对自然条件要求不严,耐寒。在露地和温室可实现周年生产,春天露地一般4月上旬播种,夏播在5月下旬。先在畦面上按25~30 cm行距开沟,沟深1.5~2.0 cm,将种子均匀撒入沟内,覆土后稍加压实,每667 $m^2$播种量为1.5~2.0 kg。播种后如气温达到18~20℃,土壤湿度适宜,则5~6天即可出苗。

## ☞ 87. 怎样进行青蓝菜的肥水管理?

当苗高7~10 cm时,要及时间苗,最后按株距2~3 cm定苗,同时进行除草、松土。定苗后根据幼苗生长情况,适当追肥和浇水。一般5月下旬至6月上旬每

667 $m^2$ 追施硫酸铵 8 kg，过磷酸钙 8～15 kg，混合后撒入行间，有条件的地方每 667 $m^2$ 也可以追施饼肥 40～50 kg，南方各地多追施人粪尿 400～450 kg。因为水肥充足，叶片才能长得茂盛。凡生长良好的在 6 月下旬和 8 月中下旬均能采收 2 次叶片，采后随时追肥浇水，以促使叶片再生。



## ☞ 88. 如何防治青蓝菜常见病害？

青蓝菜的常见病害为根腐病，它是一种真菌性病害，主要危害根部。发病初期叶面出现褐斑，茎基部变褐色呈水浸状。随后根尖、须根发黑，腐烂，主根锈黄色，腐烂有臭味，最后导致全株枯死。在 5～9 月份多雨季节易发生。根部被地下害虫咬伤后也会染病。

防治方法



①发病初期用 50％多菌灵 1 000 倍液，或 70％甲基托布津 1 000 倍液淋穴。

②及时拔除病株并烧毁，用上述药剂灌病穴，以防蔓延。

## ☞ 89. 如何防治青蓝菜常见虫害？

青蓝菜常见虫害为蚜虫，当它危害作物时，主要以桃蚜的成虫或若虫群集在幼苗、嫩叶、嫩茎和近地面叶上，以刺吸式口器吸食植物的汁液。由于蚜虫的繁殖力大，群集进行危害，造成叶片严重失水和营养不良，使叶面卷曲皱缩。此外，蚜虫还可以传播多种病毒。在一年中，春季和秋季是蚜虫的大发生期，夏季发生较少。

防治方法

①选用抗虫品种。

②及时清除田间杂草，尤其是在初春和秋末除草。生长期拔除蚜虫较多的苗。

③利用捕食性天敌，如七星瓢虫、十三星瓢虫、大草蛉、大绿食蚜蝇等；寄生性天敌，如蚜茧蜂；微生物天敌，如蚜霉菌等。

④利用防虫网。

⑤适当提前播种，使受害期处在植株长大以后。

⑥在田间挂银灰色塑料条，铺银灰色地膜或插银灰色支架，利用蚜虫对银灰色的负趋性，趋避蚜虫。

⑦在田间插 50 cm×20 cm 的黄板，上涂机油，或在木板上涂抹黄油，用以粘杀蚜虫。

⑧药剂防治：用 50%避蚜雾可湿性粉剂或水分散粒剂 2 000～3 000 倍液，或 70%灭蚜松可湿性粉剂 2 500 倍液等进行喷雾，可在不伤害天敌的情况下防治蚜虫。



## 90. 青蓝菜采收时应注意什么？

北方 6 月下旬苗高 20 cm 左右时，可收割 1 次叶子，割时由茎基部留茬 2～3 cm，一般 2 个月后可再收 1 次。在长江沿岸每年可收 3 次叶子。也可随时采收其下部叶子，留上部嫩叶继续生长。

## 91. 青蓝菜的膳食功效及营养成分是什么？

青蓝菜有清热、解毒、凉血的功效，对于流脑、乙脑、热毒发斑、丹毒等有较好疗效。

每 100 g 青蓝菜嫩苗中含有脂肪 1.4 g，碳水化合物

6.2 g，粗纤维 4.3 g，还有维生素 B、维生素 C、胡萝卜素、钙、磷、铁等物质。

### ☞ 92. 怎样食用青蓝菜?

青蓝菜的食用部位为其嫩叶。

青蓝菜叶片洗净后，可与虾仁、排骨、乌鸡炒食；可与百合、小米、红枣等熬粥；还可裹面炸食，可以焯熟后过水凉拌。

## (四)马兰

### ☞ 93. 马兰有哪些别名?

马兰(图 4)的别名有马兰头、马菜、路边菊、十里香等。

图 4　马兰

## ☞ 94. 马兰有怎样的生长习性?

马兰喜冷凉、湿润的环境,耐寒性较强,−7～−5℃不致冻坏,生长适温为15～22℃。对土壤要求不严格,以肥沃、排水良好的沙质壤土栽培为好,多生长在荒野、草原、山坡及路旁等温暖湿润处。

## ☞ 95. 怎样进行马兰栽培的土地准备?

马兰喜冷凉、湿润的气候,对土壤要求不严格,耐旱力强,适合在各种类型的土壤上生长,但是在肥沃的土壤上栽培能提高产量和品质。种植前先深翻土地,并结合翻地每667 $m^2$ 施入腐熟的有机肥2 000～3 000 kg,或速效氮肥30 kg。整细耙平,做1.3 m宽的平畦。

## ☞ 96. 马兰的繁殖方式有哪些?

马兰可用种子繁殖或分株繁殖。一般生产上常用分株繁殖。这种方法生长快,容易成活。

**(1)分株繁殖**

每年10月底将马兰匍匐茎挖出后整地做畦,做宽1.3 m的平畦。然后在畦面上开沟,一般为横沟,沟间距20～30 cm,深15 cm左右,将马兰的匍匐茎切成10～15 cm的茎段,平铺在沟中,覆土后踩实,保持土壤湿润,7～10天后即可长出幼苗。

**(2)种子繁殖**

春天或秋天均可播种。秋季种子采收后即可播于露地,但当年不出苗,到第二年春天化冻后才陆续出苗。生产上一般采用春播,条播或撒播均可。条播按30 cm行距开沟，深 1 cm，将种子均匀播入沟内，播后只需踩踏畦土或稍加压实即可。播后浇水，覆盖稻草或地膜，保持土壤湿润，防止地面板结。在适温和湿润条件下，播后约 10 天可出齐苗。小苗生长缓慢，苗期应注意清除田间杂草。春季播种后直至秋季皆可摘心采收。并将过密植株移栽其他地块。

## ☞ 97. 怎样进行马兰的田间管理？

马兰的田间管理较简单，幼苗封垄后，只进行浇水施肥即可。一般每 10～15 天浇水 1 次，每月每 667 $m^2$ 施尿素 10～15 kg。夏季如有抽薹开花者，若不留种则应及时剪去花枝，以免消耗养分。早春干旱地区若能及时灌水追肥，则可提早发芽，提前上市。

## ☞ 98. 如何防治马兰常见病害？

马兰的常见病害为叶斑病，是真菌性病害，主要危害叶片。以菌丝体和分生孢丛在病残体上越冬。受害叶片初期表面生有针尖大小褪绿色至浅褐色小斑点，后逐渐扩大成圆形至椭圆形或不规则形病斑，病斑中心暗灰色至褐色，边缘有褐色线状隆起。潮湿多雨的气候条件有利于病害的发生。

防治方法

①及时清洁田园卫生，将病残体带出田外进行烧毁；

②合理肥水，保持排水沟通畅，避免偏施氮肥，保证植物长势健壮；

③药剂防治：在发病初期开始喷 50％扑海因可湿性粉剂 1 500 倍液，或 75％百菌清可湿性粉剂 1 000 倍液加 70％甲基硫菌灵可湿性粉剂 1 000 倍液，每 10～15 天喷 1 次，连续 2 或 3 次，采收前 7 天停止用药。

## ☞ 99. 如何防治马兰常见虫害?

马兰的常见虫害为菜粉蝶,又称白粉蝶、菜白蝶,幼虫称为菜青虫。为寡食性害虫,主要以幼虫危害蔬菜,1～2龄幼虫只啃食叶肉,留下一层透明的表皮。3 龄以上幼虫将叶片吃成缺刻,严重时将叶片吃光,只剩叶脉和叶柄。

防治方法

①收获后及时清除田间病残老叶,深翻土壤,消灭越冬蛹或非越冬蛹。

②春季栽培早熟品种,进行地膜覆盖,争取在虫害盛期之前收获完。夏季停种寄主植物。

③利用广赤眼蜂、凤蝶金小蜂、长脚胡蜂等天敌昆虫进行防治。

④药剂防治:在幼龄期及时喷药防治,常用药剂有苏云金杆菌 500～1 000 倍液,或灭幼 1 号、3 号 500～1 000 倍液,或 2.5%溴氢菊酯 2 500～4 000 倍液,或 90%敌百虫 800 倍液等喷杀。



## ☞ 100. 马兰采收时应注意什么?

野生马兰一般于春季 4～5 月份,秋季 10～11 月份开始采摘供食。栽培马兰春季萌芽生长约 12 cm 时即可采收,成丛生长后用刀割,留茬 3～5 cm,有新芽长出即留三四片叶摘尖。采摘后追施速效氮肥,以促进继续生长采收。

## ☞ 101. 马兰留种的注意事项有哪些?

留种植株不宜摘尖,夏末开花,华北地区种子于 10

月中旬陆续成熟。当头状花序由绿色转黄褐色时要及时采种。用手把果盘摘下。过熟时风一吹容易脱落，不易采摘。

### 102. 马兰的膳食功效及营养成分是什么？

马兰具有清热解毒、利尿消肿的作用。对于慢性气管炎、咽喉肿痛、流行性腮腺炎、胃及十二指肠溃疡、尿道炎、急慢性肝炎有较好的食疗作用。

每 100 g 马兰嫩叶含有维生素 $B_2$ 0.07 mg，维生素 C 35 mg，钙 123 mg，磷 56 mg，钾 479 mg。

### 103. 怎样食用马兰？

马兰的幼苗及嫩叶为其食用部位。

将马兰的幼苗及嫩叶洗净后，可加入白糖制成马兰饮；可炒熟后与腐竹、豆腐干凉拌；可与熟火腿、熟鸡肉、鸡蛋、猪肝炒食；可与五花肉红烧；更可与莲子、鹌鹑煲汤，营养极其丰富。

注意：一般马兰的味辛涩，所以食用前要用沸水烫后用手揉搓出泡沫，清除涩味。另外，寒性体质者不宜食用。

## （五）荠菜

### 104. 荠菜有哪些别名？

荠菜（图 5）的别名有鸡心菜、粽子菜、地米菜，是十字花科植物。

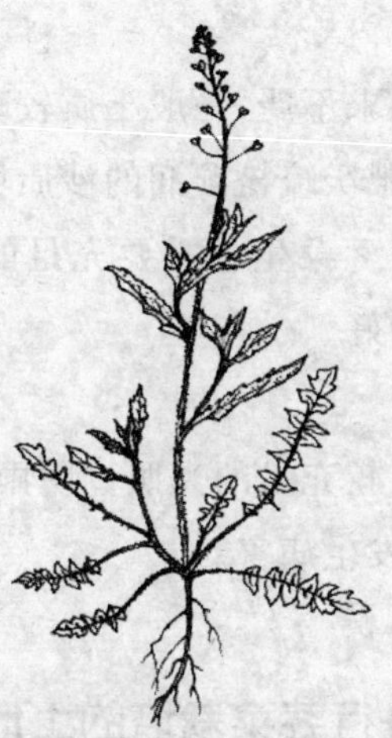

图 5　荠菜

## 105. 荠菜正常生长需要怎样的环境条件?

(1)温度

荠菜适应性强,生长势旺,较耐低温,喜冷凉的气候,在严冬能忍受短时期－8℃的低温。种子发芽的最适温度为20～25℃,营养生长要求温度12～20℃和较短的日照,在光照较充足条件下生长良好、迅速。气温在22℃以上,生长缓慢,品质也差;气温低于10℃,生长较慢;若温度过高,光合作用减弱,植株营养不良,生长受阻,不易出芽,叶小质差,且易抽薹;在2～5℃经过10～20天,可在萌动的种子或幼苗生长时通过春化。

(2)水分

荠菜生长迅速,叶片柔嫩,密植度大,铺满地面,消耗水分量较大,需要经常供给充足的水分,但水过多,积涝,会使荠菜根变黑,失去吸收功能,造成植株萎蔫死亡。

**(3)土壤营养**

荠菜对土壤要求不严，一般土质较疏松，排水良好的土壤都可以种植，以肥沃疏松湿润的沙质壤土生长较好，土壤pH值为6～6.7。荠菜生长需要充足的氮肥，以生长期分次追施速效氮肥为好。

**(4)光照**

荠菜生长需要较充足的光照。阴雨天气，光合产物少，植株生长细弱，易发生病害。

## 106.怎样进行荠菜栽培的土地准备？

荠菜对土壤要求不严格，一般土壤均可生长，而以疏松肥沃的沙壤土及壤土为佳。土壤在播前翻耕15 cm，每667 $m^2$施用有机肥2 000 kg，整细耙平，做成1～1.2 m的平畦等待播种。



## 107.荠菜播种的时间及注意事项有哪些？

春秋均可露地栽培，秋季气候凉爽，适宜荠菜生长，采收期较长，因此以秋季栽培为主。9月中旬至11月上旬可陆续采收。8月前播种，天气炎热，要覆盖遮阳网，10月上旬以后播种要采取保温措施。春季栽培2月下旬至4月上旬播种。4月上旬至5月下旬采收。

荠菜种子细小，为使播种均匀可掺入细沙土混匀后播种。采用种子直播，将种子均匀撒在畦面上，播种后用耙轻耧，使种子与土壤混合，再踩实畦面，使种子与土壤紧密接触，利于种子吸水。春播每667 $m^2$ 用种0.7 kg，秋播为1～1.5 kg。出苗前后要保持土壤湿润。夏秋季播种，为防高温，可用稻草或草帘覆盖地面，以降低地温，保持湿润。出苗后及时除去覆盖物。春播 6～15 天可出苗，夏秋播种 3～4 天可出苗。

## 108. 怎样进行荠菜的田间管理？

**(1)间苗和除草**

2～3 片真叶时开始间苗，4～5 片真叶时定苗，株行距为(13～17)cm×33 cm，每 667 $m^2$ 12 000～13 000 株。生长期间，杂草和荠菜混合生长，应及时除草。开始收获后，结合采收，拔除杂草。

**(2)水肥管理**

在荠菜的整个生长时期都应保持土壤湿润。荠菜的生长期较短，只需追肥 2 次。第一次在出苗后 20 天，此时幼苗具有 2 片真叶，再过 15～20 天进行第二次追肥。每次每 667 $m^2$ 随水施硫酸铵 10 kg 或人粪尿1 000 kg。

## 109. 如何防治荠菜常见病害？

荠菜常见病害为病毒病，由多种病毒侵染引起，荠菜整个生育期都有可能发病。发病初期，心叶出现叶脉颜色变淡而呈半透明的明脉状。随后沿叶脉出现褪绿，成为淡绿与浓绿相间的花叶现象，同时叶片皱缩。发病后期叶片变得硬而脆，并逐渐变黄，严重时，植株矮化停止生长，根系不发达。种株发病后，花梗发生畸形，花叶，种荚瘦小，结籽少。病毒在种子、田间多年生杂草、病株残体、种株上、保护地内均可越冬。可通过蚜虫进行传播。在幼苗期易染病，莲座期以后感病减少。

防治方法

①选择无病种株进行采种；

②合理安排茬口，尽量避免十字花科蔬菜的连作或邻作；

③秋冬季栽培时应适时晚播，使苗期躲开高湿、干旱的季节；

④苗期及时喷药防治蚜虫，避免蚜虫传播病毒；

⑤田间管理：消灭田间杂草，合理的水肥管理，增施有机肥，进行合理的配方施肥，增强植物的抗病性，避免高温干旱的现象，及时清除田间病株；

⑥药剂防治：发病前用 83 增抗剂原液的 10 倍液，病毒宁 500 倍液或 20％病毒净 400～600 倍液，在苗期每 7～10 天喷 1 次，连续 3 或 4 次。

## 110. 如何防治荠菜常见虫害？

荠菜的常见虫害为菜蛾，俗称小菜蛾、小青虫、吊死鬼等。主要以幼虫危害蔬菜，初龄幼虫潜叶危害，钻食叶肉，只留下两层表皮。或蛀食叶柄，在留种株上危害嫩叶、嫩茎、嫩荚和嫩籽。

防治方法

①应避免十字花科作物的连作，种植时应合理布局；

②及时清除田间的残枝落叶，并带出田间进行销毁；

③在成虫发生期，利用黑光灯和性诱蛾剂诱杀成虫；

④药剂防治：在幼龄期及时喷药防治，常用药剂有苏云金杆菌 500～1 000 倍液，灭幼 1 号、3 号 500～1 000 倍液，2.5％溴氢菊酯 2 500～4 000 倍液，或 90％敌百虫 800 倍液等喷杀。

### ☞ 111. 荠菜采收时应注意什么？

播种后 30～50 天，真叶 10～13 片时采收。采大留小，采密留稀，使留下的苗生长一致，分布均匀。早秋播种者，可延迟采收 4 或 5 次，每 667 $m^2$ 产 2 500～3 000 kg；秋季播种较晚者，生长较慢，可采收 3 次，每 667 $m^2$ 产1 500～2 000 kg。

### ☞ 112. 荠菜的膳食功效及营养成分是什么？

荠菜有止血、降压、健胃消食的功效，对于肾炎水肿、肾结核、黄疸、细菌性痢疾等病症有较好的疗效。据报道，荠菜还有抗癌功效。

荠菜的营养成分非常丰富，每 100 g 嫩茎叶中含蛋白质 4.5 g、脂肪 0.3 g、碳水化合物 5 g 及胡萝卜素、粗纤维、维生素 $B_1$、维生素 $B_2$、维生素 C 和大量的钙、铁、磷、钾、镁、钠、锰、锌、铜等无机盐。



### ☞ 113. 怎样食用荠菜？

荠菜，一般食用其嫩茎叶。

荠菜的嫩茎叶可用沸水焯熟后加豆腐干、红萝卜等拌食；可与百合、冬笋、蜜枣、荸荠、鸡蛋、猪肝煲汤；可与黑豆、田鸡、鱼片煮粥；更可与肉茸做馅，制成包子或饺子。

## (六)紫苏

### ☞ 114. 紫苏有哪些别名？

紫苏(图 6)的别名有赤苏、红紫苏、白苏。

图6 紫苏

## 115. 紫苏有怎样的生长习性?



紫苏对气候适应性较强。喜温暖湿润的环境。对土壤要求不严,在排水良好的沙质壤土、壤土、黏壤土上均能生长,但以疏松、肥沃、排水良好的沙质壤土为佳,在稍黏性的土壤也能生长,但生长发育较差。前茬以小麦、蔬菜为好,也可在果树幼林下间作。

## 116. 怎样进行种植紫苏的土壤准备?

紫苏对气候适应性强,对土壤要求不严,在排水良好的沙质壤土、壤土、黏壤土上,均能生长。在肥沃的土壤上栽培,生长良好。前茬以小麦、蔬菜为好,也可在果树幼林下间作。栽培田选好后,需要深翻晒土,同时每 667 $m^2$ 施腐熟有机肥 2 000～4 000 kg、尿素 30 kg 作为基肥，与土壤混匀，整细耙平，做成宽 1.3 m 的平畦，若土壤干旱可先浇水造墒，保持土壤湿润。

## 117. 紫苏有哪些繁殖方式？

紫苏用种子繁殖。种子发芽率可达 90%，在温度 18～21℃、有足够湿度时，播种后 7～10 天可出苗。紫苏可直播，也可育苗移栽。

## 118. 紫苏直播时应注意些什么？

直播一般为春播，北方在 4 月中旬即可播种。在平整好的畦内，按行距 30 cm 开横沟，深 2～3 cm，将种子均匀撒入沟内覆薄土并稍加压实，也可按行距 20 cm，株距 10～15 cm 进行穴播。播后及时浇水，每 667 $m^2$ 播种量为 2.5～3 kg。条播在苗高 15 cm 左右时，按 10～15 cm 的株距定苗，多余的幼苗可用来移栽。直播紫苏生长快，收获早，产量高，并可节省人工。

## 119. 紫苏育苗移栽时应注意些什么？

**(1)育苗**

在干旱地区没有灌溉条件或种子缺乏时采用育苗移栽方式。育苗的苗床应选向阳、温暖的地方，床土应施足量的厩肥或堆肥，并施适量的过磷酸钙。南方地区可施适量的草木灰，将床面整平。4 月上中旬播种。播前，在苗床上浇一次透水，待水渗进后，将种子均匀撒在床面，覆土 2～3 cm，稍加压实，以后经常保持床土湿润，也可以覆地膜防止地面板结，

7～8 天可以出苗。齐苗后间去过密的幼苗，并经常除草，适时浇水，苗高 15～18 cm 时，6 月上中旬移栽到种植田。

（2）定植

紫苏幼苗定植应选阴雨天或下午进行。按 20 cm 的行距开沟，深 10～15 cm 株距排列在沟的一侧，然后覆土压实。随即顺沟浇水，温度低时也可先顺沟浇水再摆苗，覆土，压实。1～2 天后松土保墒，干旱时浇水 2 或 3 次即可成活。紫苏缓苗后可减少浇水次数，进行蹲苗，防止幼苗徒长，促进根系生长，培养壮苗。

## 120. 怎样进行紫苏的肥水管理？

紫苏出苗期或生长前期，幼苗生长较缓慢，应及时进行中耕除草，防止杂草抑制幼苗生长。不论育苗或直播，在苗高 1 尺以上时进行追肥，每 667 $m^2$ 施人粪尿 1 000～1 500 kg 或硫酸氨 7.5 kg，过磷酸钙 10 kg，于行间开沟施入，或均匀撒入行间，然后培土、松土，将肥料埋好。孕蕾期根据土壤湿度情况，酌情浇水 1 或 2 次，雨后应及时排水，植株长大封垄后，不再进行管理。

## 121. 如何防治紫苏常见病害？

紫苏的常见病害为斑枯病，真菌性病害，主要危害叶片。发病初期在叶片面出现大小不同、形状不一的褐色或黑褐色小斑点。往后发展成近圆形或多角形的大病斑。病斑在紫色叶面上外观不明显，在绿叶面上比较鲜明。病斑干枯后形成孔洞，严重时病斑汇合，叶片脱落，从 6 月至收获均有发生。在高温高湿、光照不足以及种植过密、通风透光差的条件下，比较容易发病。

防治方法

①从无病植株上采种。

②注意田间排水,合理密植。

③药剂防治:在发病初期开始用80%代森锌可湿性粉剂800倍液,或1∶1∶200波尔多液喷雾,每7天喷1次,连续2或3次,采收前半个月停止用药。

## 122. 如何防治紫苏常见虫害?

紫苏的常见虫害为银纹夜蛾,7~9月份幼虫危害叶片,以蛹越冬。幼虫咬食叶片成孔洞或缺刻,严重时叶片被吃光,只留叶脉。初龄幼虫常群集心叶背面,咬食叶下及叶肉,老熟幼虫在植株上作薄丝茧化成蛹,有假死性,抗药性强。

防治方法

①利用幼虫假死性,人工捕捉幼虫;

②药剂防治:用90%晶体敌百虫800~1 000倍液,每7天喷1次,连续2~3次。



## 123. 紫苏采收时应注意什么?

紫苏,主要食用其幼嫩茎叶。待植株长至30~40 cm时,即可陆续进行采收。采收时可将大叶片剪下包装上市,也可将植株从其根部5~10 cm割下出售,留下部分处萌生侧枝。紫苏嫩茎叶可连续采收多次,每次采收后浇水1次,同时每667 $m^2$追施复合肥15 kg,促进其新枝发生和生长。

## 124. 紫苏的膳食功效及营养成分是什么?

紫苏具有散寒气、清肺气的功效,对于食欲不振、外感风寒、感冒咳嗽等症有较好的疗效。

紫苏营养丰富，每 100 g 可食部分含有铁 21 mg、钙 2 mg、磷 39 mg、胡萝卜素 8.01 mg，还含有硫胺素、核黄素、抗坏血酸、尼克酸等物质，其胡萝卜素含量位于各种蔬菜之首。



### 125. 怎样食用紫苏？

紫苏的食用部位为其嫩叶。

紫苏的嫩叶洗净可用沸水焯熟后，切段与精盐、味精、酱油、麻油拌匀食用；可裹面炸成紫苏鱼；可与鸡片、里脊、豆腐等炒食；更可与鸡蛋、排骨等煲汤。

## (七)蒲公英

### 126. 蒲公英有哪些别名？



蒲公英（图 7）的别名有婆婆叮、黄花地丁，为菊科植物。

### 127. 蒲公英有怎样的生长习性？

蒲公英喜较冷凉的环境，在土壤化冻后即可萌发，气温达 5℃以上即能生长，生长的适宜温度为 10～20℃，超过 25℃则生长发育不良，质地老化。在 15℃左右时叶片加速生长，平铺在地面上。在适宜的温度下，叶片呈深绿色。开花结果期喜较干旱的环境。对光照的适应性强，长日照有利于开花结果。较耐旱、耐盐碱，对湿度要求不严，营养生长期要求土壤湿润。在肥沃的沙壤土上可获优质高产，在黏性土壤中生长易老化。一般从播种至出苗 5～6 天，出苗

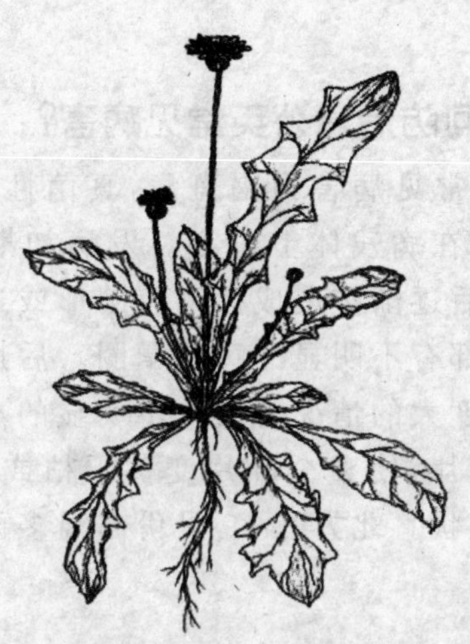

图7 蒲公英

至团棵20～22天，团棵至开花40天左右。条件适宜时可多次开花，开花至结果需5～6天，结果至种子成熟需8～10天。

## ☞ 128. 怎样进行蒲公英的土壤准备?

蒲公英对环境的适应性很强，既耐旱又耐寒冷、瘠薄的土壤，而在肥沃的土壤上生长繁茂，土地在播种前应进行翻耕，并施腐熟有机肥，整细耙平。

## ☞ 129. 蒲公英的播种时间及方法是什么?

蒲公英在4月份露地播种。蒲公英的种子细小，为播种均匀，可掺入细沙土混均匀后播种。干籽直播，将种子均匀撒在畦面上。播后用耙轻耧，使种子与土壤混合，然后稍加压实，使种子与土壤紧密接触，以利于吸水，然后浇透水。

## ☞ 130. 如何防治蒲公英常见病害?

蒲公英的常见病害为褐斑病，真菌性病害，主要危害叶片。病菌在病残体上越冬。发病初期叶片上出现褐色小斑点，后逐渐扩展成黑褐色圆形或近圆形至不规则形，病斑外部有不明显的黄色晕圈。后期病斑边缘呈黑褐色，遇湿度大的情况时出现不明显的小黑点。发病严重时病斑成片，使整个叶片变黄干枯或变黑脱落，有的叶片卷成筒状。北方 8～9 月份高温多雨的条件下容易发病。

防治方法

①选用抗病品种；

②加强肥水管理，清除田间积水，及时剪除病叶，带至田外深埋或烧毁；

③药剂防治：发病初期喷 1∶1∶100 波尔多液，或 75%百菌清可湿性粉剂 600 倍液，或 50%苯菌灵可湿性粉剂 1 500 倍液，或 50%甲基硫菌灵悬浮剂 800 倍液。每 10～15 天喷 1 次，老龄植株或进入生殖生长期的植株每 7～10天喷 1 次，连续 3～5 次。

## ☞ 131. 如何防治蒲公英常见虫害?

蒲公英的常见虫害为小菜蛾等。主要以幼虫危害蔬菜，初龄幼虫潜叶危害，钻食叶肉，只留下两层表皮。或蛀食叶柄，在留种株上危害嫩叶、嫩茎、嫩荚和嫩籽。

防治方法

①应避免十字花科作物的连作，种植时应合理布局；

②及时清除田间的残枝落叶，带出田间进行销毁；

③在成虫发生期，利用黑光灯，性诱蛾剂诱杀成虫；

④药剂防治：在幼龄期及时喷药防治，常用药剂有苏云金杆菌 500～1 000 倍液，或灭幼 1 号、3 号 500～1 000 倍液，或 2.5%溴氢菊酯 2 500～4 000 倍液，或 90%敌百虫 800 倍液等喷杀。



## 132. 蒲公英的膳食功效及营养成分是什么?

蒲公英具有消肿散结、消炎的功效，可提高人体的抗病防病能力。对于胃炎、淋巴腺炎、急性结膜炎、急性腭扁桃体炎、胆囊炎等病症治疗效果显著。

蒲公英中含有多种营养元素，每 100 g 鲜菜中含碳水化合物 13 g、脂肪 1.4 g、蛋白质 4.1 g、粗纤维 2.4 g、胡萝卜素 7.7 mg，维生素 $B_1$、维生素 $B_2$、维生素 C、尼克酸也较丰富，其中铁的含量为各种野菜之冠。



## 133. 怎样食用蒲公英?

蒲公英的食用部位为其幼苗。

蒲公英的嫩叶洗净后，可选择在树阴下经阳光直射后制成四季茶；可入沸水焯熟后与蒜茸、麻油、精盐、味精等调味料拌食；可与肉丝、萝卜丝、豆腐丝等炒食；还可与红豆煮汤，解暑热。

# (八)薄荷

## 134. 薄荷有哪些别名?

薄荷(图 8)的别名为蕃荷菜、升阳菜。

图 8 薄荷



## 135. 薄荷适宜的生长条件是怎样的？

**(1)温度**

薄荷的适应性强，在海拔 2 100 m 以下的地区都可生长。喜温暖湿润环境，对温度的适应能力比较强。当早春地温1～3℃时根状茎即可萌发，秋末初冬初气温降到－2℃，地上植株即枯萎死亡；地下茎的耐寒能力较强，在水分适宜的环境下，气温在－30～－20℃的地区也可以安全越冬。幼苗也有一定的耐寒能力，薄荷生长的最适温度为 25℃左右，在20～30℃的范围内，只要水分适宜，温度越高，生长越快。

**(2)光照**

薄荷为长日照植物，性喜阳光，长日照，可促进开花。在整个生长期间，光照越强，叶片脱落越少。尤其在生长后期，需要连续晴天、强烈光照，才有利于薄荷高产。薄荷生长后期雨水多、光照不足是造成减产的主要原因。

(3)水分

薄荷在不同的生育期对水分有不同的要求。第一次收获的薄荷苗期、分枝期，要求土壤保持一定的湿度。到生长后期，特别是现蕾开花期，则需要充足的阳光和干燥的天气。收获时越早越好。第二次收获的薄荷的苗期由于气温高，蒸发量大，又要促使加速生长，需水量较大。因此，头刀薄荷收获后，伏旱、秋旱是影响第二次收获薄荷出苗和生长的主要因素。二刀薄荷封行后对水分的要求就逐渐减少，尤其在收割前要求无雨，才利于高产。

第一、二次薄荷在收获前遇到大雨或连续阴雨，易造成叶片大量脱落。同样，雨水多，空气湿度大，植株中下部容易发病，叶片霉烂，影响产量，还会引起种根霉烂，影响第二次薄荷出苗和秋播种根质量。

(4)土壤

薄荷对土壤的要求不十分严格，适应性较强，除过沙、过黏、酸碱度过重的土壤，以及低洼排水不良的土壤外，一般土壤均能种植。土壤酸碱度以5.5～7.5较适宜，在栽培中，以沙质壤土和腐殖质土为最好。

(5)施肥

氮肥可以促进叶片和嫩茎生长；磷肥可促使根部发育，增强御寒抗病能力；钾肥能使茎秆粗壮，增强抗旱和抗倒伏能力。

## 136. 薄荷的繁殖方式是什么？

薄荷主要采用地上茎、根状茎繁殖。生产上常用的繁殖方法为根状茎繁殖和秧苗繁殖。

**(1)根状茎繁殖**

栽植期为10月下旬至第二年3～4月份，以秋冬栽植为好，栽前在种子田将根状茎挖出，截成6～9寸长的小段，按行距20 cm左右开沟，沟深6～10 cm，按株距15～20 cm放入种茎2～3条，施稀薄人畜粪尿，覆土压实，每667 $m^2$需根状茎100～150 kg。

**(2)秧苗繁殖**

选生长良好，品种纯，无病虫害的田块作留种地，秋季收割后，立即中耕除草和追肥一次。第二年4～5月份苗高10～15 cm时，陆续拔苗移栽。此法在收获头、二茬时均可进行，按行株距20 m×15 m挖穴，深6～10 cm，每穴栽1～2苗，盖土压紧，施稀薄人粪尿，促进其生长发育。

## 137. 怎样进行薄荷的土壤准备?

薄荷既怕旱又怕涝，薄荷田应选择地势高、靠近水源、浇水方便的地块为宜。若田块高低不平，雨水较多时低洼的地方往往由于积水，造成种根霉烂，地上部分落叶严重，严重影响产量。只有平整的田块，方可确保丰收。因此，种植前一定先进行深翻、耙地、平整，并结合深翻每667 $m^2$施腐熟的有机肥5 kg，均匀撒入地内与土壤混匀，翻入土内，作为基肥。整平待播。

## 138. 薄荷根状茎播种时应注意些什么?

在我国北方生产上常用的方法为根状茎繁殖。种根挖后应立即播种，若种根挖出后不及时播种，堆放或储藏时间过长，种根易发热霉烂变黑，失去发芽能力。或由于种根节上的潜芽在播前萌发，播种时容易使嫩芽受到机械伤害，使发芽困难。

## 139. 怎样进行薄荷的田间管理？

**(1)排水**

薄荷在生长过程中，如雨后积水或地下水位过高，都会影响正常生长，由于积水危害，根系生长不良，易早衰，叶片脱落，大大影响产量；同时，地下茎大量霉烂，对出苗极为不利。及时挖深排水沟，可降低地下水位和及时排除田间积水，降低土壤温度，改善土壤理化性质，使土壤空隙度增大。通透性好，提高地温，可以促进薄荷根系的发育，防止早衰和倒伏。同时，可减轻病害的发生，特别是锈病和黑茎病危害。

**(2)冻水**

在雨季长期少雨干旱和寒冷的地区，播种后要防止寒流袭击，对没有镇压的地块要先浇冻水，尤其是新整平的田块。土质疏松，更应该浇冻水，可使土壤与种根紧密接触，提高地温，起防冻的作用，以利出苗。

冻水必须在寒流袭击之前进行，不宜过早，也不能过晚。过早因气温高，湿度大，会形成冬灌后出苗，易遭受冻害；过晚则土壤冻结，水分不能下渗，发生地面积水结冰，使薄荷种根受到机械损伤。浇冻水时应随灌随排，田间不宜有积水。

**(3)防冻害**

薄荷地下根茎越冬，管理不当时易产生冻害。因此，薄荷播种后，应采取综合措施预防冻害。第一，秋播时要确保质量，播种深度适中；第二，要适时播种，不宜过早，以防冬前大批出苗；第三，播种后镇压；第四，久旱无雨时，在寒流袭击前浇一次冻水，防止干冻受灾。

冻害发生后，应该根据情况及时采取下列补救措施，防止下次寒流影响。有条件的地方，在下次寒流到来之前，可用覆盖物或及时灌水、镇压等措施来保根保苗。幼苗遭受冻害后，要早施提苗肥，改善营养，增强其抗性。冻害严重者，要及时进行移苗补缺，增施苗肥，加强管理。

**(4)中耕除草**

在薄荷出苗到封垄前，应进行松土除草，为苗壮早萌发创造条件。在幼苗初期，温度低、光照弱，不利于根系的发育及萌发，而且杂草生长快。因此，在第一次收获的薄荷出苗后到封垄前，应松土 2 或 3 次，结合除草，可疏松土壤，破除板结，提高地温，有利于壮根和幼苗生长。松土切继了毛细管，减少了水分蒸发，天旱时起到了保墒作用。

**(5)摘心**

摘心可以促进植株分杈，提高产量，提高叶面积系数。一般以摘掉顶端两对幼叶为度，摘心宜选在晴天进行，这样摘心后伤口能够迅速愈合，防止了病菌侵染。摘心后应立即施一次肥，促使分枝充分生长。

摘心时间应依密度而定。定植较稀的，应早摘心，以促进侧枝早发；定植较密的可适当晚摘。

**(6)刨根**

第一次薄荷采收后，用锋利的锄头、斜刀等工具，把地面残留的老梗、杂草等刨掉，并依据根系的深浅，确定刨根的深度。

薄荷和其他作物一样，有顶端优势的特点。如不刨根，首先萌发的苗是地面上残留茎上的芽，地下茎上潜伏的芽受到抑制很难萌发。地上残留的茎上萌发的苗由于根系浅，苗小而弱，生命力不强，易早衰，产量低。而地下茎上芽萌发后苗健壮整齐，生活力也强，不易早衰，产量也高。通过刨根，为地下茎上萌发新芽创造了条件。另外，刨根可起松土、除草、保墒及调节密度的作用。



## 140. 进行薄荷追肥的注意事项有哪些?

薄荷生长期长，需肥量较大，除了播种前施足基肥外，还应当追肥2或3次。每次每667 $m^2$ 施尿素5 kg左右。追肥的用量因土壤而异，肥力中上等的一般采取先控后促的施肥方法，即前期轻施苗肥与分枝肥，防止前期生长过旺，使后期造成落叶与倒伏。到了6月中上旬重施一次肥，这次肥料施入后，不再施肥，使后期不早衰，多长分枝与叶片，提高产量。

在薄荷生长期间，依据苗长势应进行叶面喷肥。一般喷施磷肥、钾肥，增产效果十分明显，能增产10%～15%，但喷施叶片肥应注意以下问题：



①喷施浓度。叶面肥应严格控制其浓度范围，浓度过低无增产效果，浓度过高会发生烧苗现象。一般用1%的过磷酸钙加0.1%的氯化钾等比例混合，每667 $m^2$ 喷施100 kg。

②喷施叶面肥应选择阴天或晴天的傍晚进行。因晴天的中午气温较高，蒸发量大，叶面气孔小，不易被叶片吸收。

薄荷生长后期，需要大量的氮、磷、钾营养元素，尤其是氮肥。此时根已逐渐衰老，或由于其他因素，根系吸收能力减弱，也可用尿素进行根外追肥。有如下好处：尿素是中性肥料，对薄荷的叶子无灼伤，不会造成落叶而影响产量。尿素为水溶性，分子体积小，易透过细胞膜，同时扩散性也大，它的水溶液能直接渗透到叶面的细胞中。尿素本身有吸湿性，根外追肥即使干燥，由于其吸湿性，在叶面上能经常保持一定的湿度，肥料易被叶片吸收。

## ☞ 141. 如何防治薄荷常见病害?

薄荷的常见病害为白绢病，真菌性病害，主要危害叶片，病菌的菌核或菌索随病残体遗落土中越冬。发病初期病株上部叶片褪绿，茎基及地表处生有大量白色菌丝体和棕色油菜籽状小菌核。病情扩展后至植株长势减弱、萎凋或枯死。连作或土质黏重及地势低洼，或高温多湿的年份或季节发病重。

防治方法

①避免连作。

②提倡施用日本酵素菌沤制的堆肥或充分腐熟的有机肥。

③及时清除病残体。在病穴及其临近植株淋灌 20%甲基立枯磷乳油 1 000 倍液，或 5%井冈霉素水剂 1 000～1 600倍液，或 90%敌克松可湿性粉剂 500 倍液。每株(穴)淋灌 0.4～0.5 L，或用 40%拌种灵加细沙配成 1∶100倍药土混入病土，每穴 100～150 g，每 10～15 天 1 次。

## ☞ 142. 如何防治薄荷常见虫害?

薄荷的常见虫害为烟青虫，又叫烟叶蛾，为多食性害虫。以幼虫蛀食寄主的花蕾、花及果实，造成落花、落果及果实腐烂，也可咬食嫩叶和嫩茎，造成茎中空折断。烟青虫以蛹在土壤中越冬。成虫有趋光性。在夏季降雨适中而均匀时发生严重。在地势低洼、植株茂密、水分条件较好的地块，虫害严重。在成虫发生期蜜源植物丰富，则发生严重。

防治方法

①翻地将土壤中的蛹翻至地表，并可破坏羽化通道，使成虫羽化后不能出土而窒息死亡。

②结合整枝打杈，可消灭部分卵粒。

③将半枯萎带叶的杨树枝剪成 60 cm 长，每 5～10 枝捆成 1 把，插在田间，每 667 $m^2$ 插 10 把，5～10 天换 1 次，每天早晨收成虫消灭。

④每 30 000 $m^2$ 设一黑光灯，诱杀成虫。

⑤生物防治：利用赤眼蜂、草蛉、瓢虫、蜘蛛等，抑制害虫发生。也可用"7216"芽孢杆菌 500～700 倍液喷雾，或用 BT 乳剂 250～300 倍液喷雾，或用青虫菌 200 倍液喷雾。

⑥药剂防治：在卵孵化初期用 50%辛硫磷乳油 1 000 倍液，或 80%敌百虫可湿性粉剂 1 000 倍液，或 5%来福灵乳油 2 000～4 000 倍液，或 2.5%天王星乳油 2 000～4 000 倍液，交替喷雾。

## ☞ 143. 薄荷的膳食功效及营养成分是什么？

薄荷有疏风散热、开胃的作用，对于伤风感冒、哮喘、急性眼结膜炎、咽痛等病症有良好的疗效。

薄荷的嫩茎叶含有维生素 B、维生素 C、胡萝卜素、薄荷酮及多种游离氨基酸。

## ☞ 144. 怎样食用薄荷？

薄荷的鲜嫩叶片多制成茶饮，如与茶叶制成薄荷茶；与白酒制成薄荷酒;与柠檬、党参、甘草、麻黄、桑叶、菊花、芦根、藿香、车前、莲藕、荆芥等制成饮品;与小米、大米、荆芥、莲子等煲粥;也可焯熟后凉拌、与肉丝炒食或裹面炸食。注意:薄荷不宜久煎,表虚自汗者不宜食用。

## (九)车前

### ☞ 145. 车前有哪些别名?

车前(图 9)的别名有车轱辘菜、大琉璃草、车前。

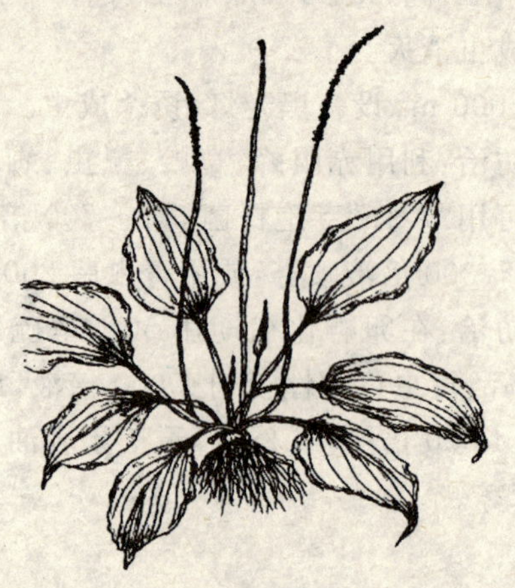

图 9 车前

### ☞ 146. 车前生长要求怎样的环境条件?

车前适应性强,喜向阳、湿润的环境,耐寒、耐旱、耐涝、耐瘠薄。在－30～－10℃的温度下均能生长,生长的适宜温度为 10～25℃。营养生长期能耐受连续 4～5 天的干旱和涝渍,开花结果期耐涝能力降低。对光照适应性强,光照足可促进生长。对土壤要求不严,但比较肥沃,湿润的沙质壤土生长较好，开花结果期需较多的磷、钾、硼等元素。

## ☞ 147. 车前的繁殖方式是什么？

车前采用种子繁殖，北方春播 4 月上旬播种，秋播 9 月份播种。

## ☞ 148. 种植车前应进行怎样的土壤准备？

车前播种前需要深耕土地。结合耕地可每 667 $m^2$ 施入3 000～4 000 kg 腐熟的有机肥。将肥料与土壤混匀，精细耕耙，做成宽 1.3 m 的平畦，整平畦面，浇 1 次底水，造墒。3～4 天后，将畦面翻耕 1 次，耙细整平即可播种。

## ☞ 149. 车前播种时应注意些什么？

在天气适宜的条件下采用干籽直播。也可用凉水在室温下浸泡几小时，使种子充分吸水后，再播种。有条件时，浸种后可在 20℃ 条件下催芽，待 3～4 天出芽后，再播种，可保证出苗快、整齐。北方春天在 4 月上旬开始播种，采用条播方式，在整好的畦内按 20～30 cm 的行距开沟。将种子均匀播于沟内，一般用种量为 0.5 kg，以细湿土覆盖，以不见种子为宜，播种可视土壤墒情适量浇水，播后也可用地膜覆盖，以利提高地温，提早出苗，保持土壤温润，防止地面板结，出苗后可掀去地膜。

## ☞ 150. 怎样进行车前的田间管理？

车前幼苗前期生长较慢，应注意及时中耕除草，以免幼苗生长被杂草抑制。幼苗 1～2 片真叶时浇 1 次水，以后每 7～10

天浇 1 次水，保持土壤湿润，长至 3～4 片真叶时，可适当控水，以促进其根系发育。当幼苗 2～3 片真叶时进行间苗，一般按株距 50 cm 株距留苗。若土壤肥力充足，适当密植可提高产量。北方因天气干燥，需注意浇水，并结合浇水追肥，一般间苗后应追肥 1 次，每 667 $m^2$ 可施尿素 7～8 kg 或冲粪稀对人水中施肥，以促进幼苗生长。春季随温度升高，车前生长量加大，需肥、需水量增加，必须供给充足肥水。保持土壤湿润，浇水均匀。结合浇水每 667 $m^2$ 施尿素 10 kg。

## ☞ 151. 如何防治车前常见病害?

车前的常见病害为白粉病，真菌性病害，主要危害叶片。病菌以闭囊壳在病残体上越冬。菌丝体生于叶两面，形成白色至污白色近圆形病斑。有时病斑融合连片或布满叶面。10 月份在白色至污白色粉斑上长出黑色小粒点，即闭囊壳。

防治方法

①进行配方施肥，适当增加磷、钾肥，使植株健壮生长，增强抗病力；

②及时清洁田园卫生，将病残体带至田外深埋或烧毁；

③药剂防治：发病初期开始喷 50％多菌灵可湿性粉剂 600～700 倍液，或 50％苯菌灵可湿性粉剂 1 500 倍液，必要时可喷 40％福星乳油 9 000 倍液。于傍晚喷洒，每 20 天左右喷 1 次，采前 7 天停止用药。

## ☞ 152. 如何防治车前常见虫害?

车前的常见虫害为蜗牛，俗称蜒蚰螺、水牛等。蜗牛食性很杂，幼卵、幼贝食量较小，仅食叶肉，留下表皮。成贝以齿舌刮食叶茎，造成空洞或缺刻，严重者咬断幼苗，造成缺苗断垄。蜗牛以成贝或幼贝在菜田、灌木丛及作物根部、草堆石块下及房屋前后等潮湿阴暗处越冬。蜗牛的发生与雨量有很大关系，如前一年 9～10 月份雨量较大，第二年春季雨量多且温度较高，则春季会大发生。

防治方法

①地膜覆盖。

②及时清理残株，铲除田间、地头、沟边等处的杂草。及时中耕、排除积水，借以破坏蜗牛的栖息和产卵场所。

③进行秋季或初冬深翻地，使部分蜗牛暴露在地面冻死或被天敌啄食，卵被晒爆裂。

④利用树叶、杂草、菜叶等在菜田做成诱集堆，天亮后集中捕捉。雨后天晴除草、松土、捕杀部分蜗牛。

⑤利用天敌进行捕杀，蜗牛的天敌有步甲、沼蝇、蛙、蜥蜴等。

⑥药剂防治：在沟边、地头或作物间撒生石灰，每 667 $m^2$ 用 5～7.5 kg 生石灰粉或茶枯粉 3～5 kg，撒在作物附近，可防止蜗牛危害。用配成有效成分 2.5%～6%的豆饼或玉米粉等毒饵，于傍晚施于田间垄上进行诱杀，或用 8%灭蛭灵颗粒，每 667 $m^2$ 用 2 kg 撒于田间。清晨在蜗牛未潜入土中时，用灭蛭灵 800～1 000 倍液，硫酸铜 800～1 000 倍液或 1%食盐水喷洒消灭蜗牛。

## ☞ 153. 车前的膳食功效及营养成分是什么？

车前有清肝明目、清肺化痰的作用，对膀胱炎、尿道炎、热咳、慢性气管炎、流行性感冒、高血压等病症有食疗的作用。

车前每 100 g 嫩叶中含有脂肪 2 g、碳水化合物 10 g、粗纤维 2.8 g，还含有胡萝卜素、维生素 $B_1$、维生素 $B_2$、维生素C和大量的钙、磷、铁。

### 154. 怎样食用车前?

车前，其食用部位是幼苗及嫩叶。

采下的嫩苗叶洗净，可用开水烫后，再用凉水浸泡几小时，与各种调味料拌食；可与蜂蜜调成车前茶；可与西瓜、萝卜、苋菜、茯苓等煮粥；可与猪小肚、芹菜、蚌肉、玉米须、田螺煲汤。

## （十）苦荬菜

### 155. 苦荬菜有哪些别名?

苦荬菜（图10）的别名有曲麻菜、苦麻子、盘儿草。

图10　苦荬菜

## 156. 苦荬菜生长要求怎样的环境条件？

苦荬菜对环境的适应性强，耐热又耐寒，生长的适宜温度为 15～20℃，在湿润、营养丰富的沙质壤土中生长旺盛。对光照适应性强，但在强光下容易老化。

## 157. 种植苦荬菜前应进行怎样的土壤准备？

苦荬菜栽培一般选用灌溉良好的沙质壤土作为栽培田。前茬作物收获后，深翻土地。结合翻地每 667 $m^2$ 施入有机肥 1 500～2 000 kg，尿素 15～20 kg 作为基肥。精细整地，做成宽 1.5 m 左右的平畦，待播。

## 158. 苦荬菜播种时应注意些什么？

苦荬菜一般采取种子繁殖的方式，春天和秋天均可播种。春播可选择在 4 月中上旬。露地播种可在整好的畦内按25～30 cm行距开沟，将种子均匀撒入沟内。播幅一般为 5～6 cm，播后覆土。若土壤干旱可适量浇水，浇水后用稻草覆盖，也可覆地膜，防止土壤板结。也可用撒播方式。

在早春低温季节，也可用温室育苗、露地定植的方式。育苗一般在苗龄 30 天，7～8 片真叶时移栽，按行距 30 cm，株距 20 cm，每穴 2～3 株定植。栽后立即浇水，晴天时遮阳，保持较高温度以促进缓苗。3～5 天即可缓苗。

## 159. 怎样进行苦荬菜播后的肥水管理？

出苗或缓苗后，应适当控水，防止幼苗徒长。直播苗一般不间苗，只在幼苗很拥挤时才适当间苗。当苗高 5～6 cm 时，进行中耕除草，以防杂草抑制幼苗生长。除草后结合浇水每 667 $m^2$ 施入速效氮肥 20 kg，促进幼苗发育。定植苗在缓苗后进行浇水施肥。

## 160. 如何防治苦荬菜常见病害？

苦荬菜的常见病害为立枯病，真菌性病害，主要危害幼苗。病菌主要以菌丝体或菌核在土壤中或病残体上越冬，具有很强的腐生性。发病初期植株表现为长势衰弱，叶片轻度失水，植株萎蔫下垂，严重的造成植株枯死。检查染病植株的茎基部，初期表现为水渍状，后病部变为褐色立枯状。遇湿度大的情况，病部出现褐色蛛丝状霉状菌丝体。高湿、高温、苗床光照不足，秧苗生长不良的情况下发病较为严重。育苗中后期幼苗子叶养分消耗殆尽，真叶尚未抽出时容易发病。病菌在条件适宜的情况下可直接侵染寄主，此外还可通过雨水、灌溉水、农具及带菌堆肥进行传播。



防治方法

①苗床的选择与管理：苗床应选择地势高、地下水位低、排灌良好的地方。最好选择未育过同类作物或生茬地上。如用老苗床，应对床土进行消毒。也可采用基质育苗。施用充分腐熟的堆肥。种子催芽时间不宜过长，以免幼苗长势过于细弱。控制苗床的温湿度，冬春育苗应改善苗床内的光照条件，及时拔除病苗。

②种子处理：播种前进行温汤浸种 10～15 min，或用 50％福美双可湿性粉剂，或 65％的代森锌可湿性粉剂拌种，药量为用种量的 0.3％。

③药剂防治：发现病苗后，用 75％百菌清可湿性粉剂 600 倍液，或 64％杀毒矾可湿性粉剂 500 倍液，或

70%敌克松原粉 1 000 倍液，每 7～10 天喷 1 次，连续 2 或 3 次。

## ☞ 161. 如何防治苦荬菜常见虫害？

苦荬菜的常见虫害为菜粉蝶，又称白粉蝶、菜白蝶，幼虫称为菜青虫。为寡食性害虫，主要以幼虫危害蔬菜，1～2 龄幼虫只啃食叶肉，留下一层透明的表皮。3 龄以上幼虫将叶片吃成缺刻，严重时将叶片吃光，只剩叶脉和叶柄。

防治方法

①收获后及时清除田间病残老叶，深翻土壤，消灭越冬蛹或非越冬蛹。

②春季栽培早熟品种，进行地膜覆盖，争取在虫害盛期之前收获完。夏季停种寄主植物。

③利用广赤眼蜂、凤蝶金小蜂、长脚胡蜂等天敌昆虫进行防治。

④药剂防治：在幼龄期及时喷药防治，常用药剂有苏云金杆菌 500～1 000 倍液，或灭幼 1 号、3 号 500～1 000 倍液或 2.5%溴氢菊酯 2 500～4 000 倍液，或 90%敌百虫 800 倍液等喷杀。

## ☞ 162. 苦荬菜的膳食功效及营养成分是什么？

苦荬菜可清热、解毒、凉血，对于乳痈、蚊虫咬伤、溃疡等病症有较好的疗效。

每 100 g 的苦荬菜嫩叶含脂肪 0.4 g，碳水化合物 4 g，蛋白质 2.2 g，粗纤维 0.6 g，钙 130 mg，铁 4.9 mg、维生素 $B_1$ 0.2 mg，维生素 $B_2$ 0.34 mg，维生素 C 24 mg。

## 163. 怎样食用苦荬菜？

苦荬菜的嫩茎叶可食。

洗净苦荬菜的嫩叶，用开水烫熟后用清水冲去苦味，与蒜茸和各种调味品拌食；可与猪肝、鸭肉炒食；更可蘸酱生食，非常爽口。

注意：苦荬菜不能大量食用，否则会引起头昏、恶心等症。

# （十一）麦兰菜

## 164. 麦兰菜有哪些别名？

麦兰菜（图11）又叫麦加菜、兔儿草。

图11 麦兰菜

## 165. 麦兰菜生长要求怎样的环境条件？

麦兰菜喜温暖湿润的环境，能耐旱，怕水涝。对土壤要求不严，人工栽培以疏松、肥沃、排水良好的沙质壤土为好。凡低洼、易积水的地方不宜种植。可与小麦混种。

## ☞ 166. 怎样进行麦兰菜的种子选择及处理？

麦兰菜属于绿叶菜类，播种量较大，种子纯度、发芽率是影响产量的重要因素。在播种前首先要对种子进行筛选，去掉杂质、瘪粒，选用籽粒饱满，有光泽的黑色成熟种子播种。麦兰菜种子发芽快，宜出苗，一般不需要浸种催芽。为保证出苗整齐，也可用38℃温水浸泡2～3 h后播种。

## ☞ 167. 种植麦兰菜前应进行怎样的土壤准备？

麦兰菜对土壤要求不严格，一般选用土壤疏松、肥沃、排水良好的沙质壤土种植较好。播种前深翻土地，结合翻地每667 $m^2$ 施入腐熟厩肥或堆肥2 500 kg作为积肥，将肥料深翻入土，混匀，然后整细耙平。按栽培季节不同，选用不同的做畦方式。

## ☞ 168. 进行麦兰菜露地栽培时应注意什么？

**(1)春露地栽培**

麦兰菜是喜温暖湿润的植物，春露地栽培应在终霜结束后进行，华北地区一般在4月下旬播种。可采用撒播或条播2种播种方式。①撒播：将种子与细沙按2∶1的比例混合，均匀撒于畦面，然后盖细潮土1～2 cm。②条播：行距15 cm，播幅6～7 cm，播深2 cm左右。播种量为每667 $m^2$ 2～2.5 kg，播后镇压。麦兰菜种子发芽较快，播种前浇足底水，播后一般不再浇水，4～5天即可出苗。幼苗期生长量小，需水少，不需追肥浇水。但要注意及时中耕，以利于保持土壤湿润，防止杂草滋生。当苗高 7～8 cm 时进入旺盛生长期应水肥齐攻，灌水时每 667 $m^2$ 追施硫酸铵 20～25 kg。促进营养生长；苗高 12～13 cm 时第二次灌水追肥，灌水后结合疏苗间收，苗距 1 cm 左右，生长至 50～60 天时即可陆续拔收。

**(2)秋季露地栽培**

麦兰菜耐旱怕涝，播种在高温多雨时期，生长在温度较低时期，栽培的关键是保全苗。秋播播种量一般比春播增加 15%～20%，种子用清水浸洗 2～3 h，使种子吸水，促进出苗。华北地区多在 7 月上旬至 8 月上旬撒播或条播。覆土 2 cm，表土见干时镇压 1 次，如播后遇雨，应及时排水防涝，并注意除草，土温高时浇小水降温。一般不间苗，苗高 7～8 cm 后加强肥水管理，随水每 667 $m^2$ 追施硫酸铵 20～25 kg。至收获期前灌水 2 或 3 次。生长期间注意防蚜虫。



## ☞ 169. 进行麦兰菜秋、冬季温室栽培时应注意什么？

一般在 11 月上中旬播种，可与黄瓜、茄子、辣椒等套作，或在温室前沿低矮处种植，春节前后收获上市。播种方法与春播基本相同。苗期一般不灌水，进入旺盛生长期至收获结束灌水 2 或 3 次，第一次灌水在苗高 7～8 cm，并顺水每 667 $m^2$ 追施硫酸铵 20 kg 左右。生长期间温度控制在 15～20℃，最低温度不低于 4～5℃，以免植株受冻伤。温度超过 25℃适应加强放风，株高达 10～15 cm 时即可采食。

## ☞ 170. 进行麦兰菜春季小拱棚栽培时应注意什么？

麦兰菜喜温暖，春天可在小拱棚中栽培，选择背风、向阳地块。冬前深翻地 20 cm，每 667 $m^2$ 施入基肥 4 000 kg。做成宽 1 m 的小高畦，上冻前插好拱棚支架，2～3 月份扣棚促进土壤化冻，10 cm 土层温度稳定在 5℃以上时播种。条播行距 8～12 cm，播幅宽 6～7 cm，深 2 cm，播种量为每 667 $m^2$ 3～3.5 kg。出苗后，棚温保持在 15～20℃，白天温度升到 22℃时开始放风。苗期一般不追肥灌水，苗高 7～8 cm 时选晴天灌水 1 次，随水每 667 $m^2$ 追施硫酸铵 15～20 kg，追肥灌水后放风，控制在适宜生长的温度。苗高 10～15 cm 结合疏苗间拔上市，株距 1～2 cm，株高 20 cm 时一次采收上市。

## ☞ 171. 如何防治麦兰菜常见病害？

麦兰菜的常见病害为叶斑病，真菌性病害，主要危害叶片。在病叶上出现枯死斑点，发病后期，在潮湿的条件下会长出灰色霉状物。

防治方法

①收获后及时彻底清除枯枝残体，带出田外进行集中烧毁；

②严格实行轮作制度，避免重茬；

③增施磷、钾肥或在叶面喷施 0.2%磷酸二氢钾，增强植物抗病性；

④药剂防治：在发病初期，喷 65%代森锌 500～600 倍液，或 50%多菌灵 800～1 000 倍液，或 1∶1∶100 波尔多液，每 7～10 天喷 1 次，连续 2 或 3 次。

## ☞ 172. 如何防治麦兰菜常见虫害?

麦兰菜的常见虫害为蚜虫。危害作物时,主要以成虫或若虫群集在幼苗、嫩叶、嫩茎和近地面叶上,以刺吸式口器吸食植物的汁液。由于蚜虫的繁殖力大,群集进行危害,造成叶片严重失水和营养不良,使叶面卷曲、皱缩,此外蚜虫还可以传播多种病毒。在一年中,春季和秋季是蚜虫的大发生期,夏季发生较少。

防治方法

①选用抗虫品种。

②及时清除田间杂草,尤其是在初春和秋末除草。生长期拔除蚜虫较多的苗。

③利用捕食性天敌,如七星瓢虫、十三星瓢虫、大草蛉、大绿食蚜蝇等;寄生性天敌,如蚜茧蜂;微生物天敌如蚜霉菌等。

④利用防虫网。

⑤适当提前播种期,使受害期在植株长大以后。

⑥在田间挂银灰色塑料条,或铺银灰色地膜,或插银灰色支架,利用蚜虫对银灰色的负趋性,趋避蚜虫。

⑦在田间插 50 cm×20 cm 的黄板,上涂机油,或在木板上涂抹黄油,用以粘杀蚜虫。

⑧药剂防治:用 50%避蚜雾可湿性粉剂或水分散粒剂 2 000~3 000 倍液,或 70%灭蚜松可湿性粉剂 2 500 倍液等进行喷雾,可在不伤害天敌的情况下防治蚜虫。

## ☞ 173. 麦兰菜的膳食功效及营养成分是什么?

麦兰菜有补血安神的功效。对于产后缺乳、产后体虚、臃肿及刀伤出血等病症有较好疗效。

麦兰菜营养丰富，每 100 g 嫩苗干样中含纤维素 13.32 g、脂肪 3.77 g、蛋白质 4.65 g、无氮浸出物 64.33 g，还有磷及多种维生素，如维生素 $B_1$、维生素 $B_2$、维生素 C。

### 174. 怎样食用麦兰菜？

麦兰菜的食用部位为其嫩苗。

将采下的嫩苗洗净后，可漂烫后加各种调味料拌成凉菜；可与瘦肉、蚌肉、鸡片炒食；可以做包子、饺子的馅。味道极佳，鲜嫩可口。

## （十二）刺儿菜

### 175. 刺儿菜有哪些别名？

刺儿菜（图 12）又叫小蓟、青青草、蓟蓟菜。

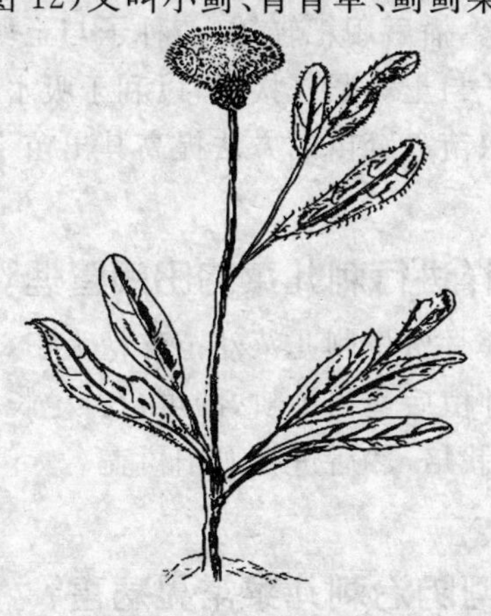

图 12　刺儿菜

## 176. 刺儿菜生长要求怎样的环境条件?

刺儿菜生长的适温在15℃左右,对湿度和光照的要求不严,在开花结果期需要较干燥的环境和充足的光照。刺儿菜较耐瘠薄,在肥沃的沙壤土中生长良好。

## 177. 种植刺儿菜前应进行怎样的土壤准备?

刺儿菜对环境的适应性很强,既耐旱又耐寒冷、瘠薄的土壤,而在肥沃的土壤上生长繁茂。土地在播种前应进行翻耕,并施腐熟有机肥,整细耙平。

## 178. 刺儿菜播种时应注意些什么?

刺儿菜在4月份露地播种。刺儿菜的种子细小,为播种均匀,可掺入细沙土混均匀后播种。干籽直播,将种子均匀撒在畦面上。播后用耙轻耧,使种子与土壤混合,然后稍加镇压,使种子与土壤紧密接触,以利于吸水,然后浇透水。另外,也可采取苗盘育苗的方法提高其出苗率。

## 179. 怎样进行刺儿菜的田间管理?

可在5～6月份将刺儿菜幼苗移植大田,定植株行距为35～40 cm。种植后适当中耕,即可自行生长。软化栽培需用沙培或花盆栽培,然后进行遮阳覆盖。

## 180. 如何防治刺儿菜常见病害?

刺儿菜的常见病害为青枯病,细菌性病害。病菌可随病部组织残留在土壤中越冬。此病是细菌侵染植株根茎所引起的维管束病害。植株在幼苗期感病，通常地上部分叶片突然失水萎蔫下垂，根部变褐腐烂，最后整株枯死，但叶片仍呈绿色。用刀横切茎或根，将病茎(根)小段倒悬浸入清水中，可见切面溢出白色或黄褐色菌脓。高温高湿有利于病害发生。

防治方法

①合理轮作。

②加强栽培管理，在农事活动中，要避免产生伤口，忌大水漫灌。适当增施钾肥，并用0.1%～0.2%的硼砂或硼酸水溶液进行根外施肥，以提高植株的抗病能力。

③发现病株及时拔除并烧毁，同时对病穴用2%甲醛溶液消毒。

④药剂防治：发病初期及时喷0.2%高锰酸钾液，或100～200 mg/L的农用链霉素或土霉素，或77%可杀得可湿性粉剂500倍液，或20%络氨铜·锌水剂500倍液，或30%氧氯化铜悬浮剂600倍液，同时可用上述药液灌根，每株浇灌0.5 L，每7～10天用药1次，连续3或4次。

## 181. 如何防治刺儿菜常见虫害？

刺儿菜的常见虫害为菊姬长管蚜。菊姬长管蚜群集在寄主的嫩梢、叶片、花蕾及花朵等幼嫩部位取食，寄主从苗期到开花期都可被害。菊姬长管蚜以其针状的口器刺吸寄主的汁液，使被害叶片卷曲、皱缩。此外，菊姬长管蚜还传播病毒病。菊姬长管蚜以无翅孤雌蚜在留种株的叶腋和芽等处越冬。

防治方法

在危害高峰期，喷 10％抗蚜威可湿性粉剂 3 000～4 000 倍液，或 50％灭蚜松乳油 1 000～1 500 倍液，或 50％抗蚜威可湿性粉剂 1 500～2 500 倍液等。



## ☞ 182. 刺儿菜采收时有哪些注意事项？

种植后约 30 天可采收幼苗或摘叶，直至冬季。软化栽培者宜在植株充分长大时用黑膜覆盖 7～10 天才采收。冬季，刺儿菜的地上部分凋萎或收割地上部分叶簇后，留下地下根，到春季又萌芽生长，应于植株刚抽出时，采挖白色嫩茎。

## ☞ 183. 刺儿菜的膳食功效及营养成分是什么？

刺儿菜具有凉血、祛瘀、止血的功能，同时可以增强人体的免疫力，对于急性传染性肝炎、痈毒、伤口出血、功能性子宫出血等病症有较好疗效。



刺儿菜的营养较丰富，全草中含有大量生物碱、皂甙等。每 100 g 鲜品中含有脂肪 0.4 g，碳水化合物 3.7 g，蛋白质 4.4 g，粗纤维 1.7 g，钙 2.49 mg，铁 3.4 mg。另外，还含有胡萝卜素、核黄素、尼克酸、抗坏血酸和硫胺素。

## ☞ 184. 怎样食用刺儿菜？

刺儿菜，多食用其嫩苗。

刺儿菜的嫩苗可以用开水焯熟后凉拌；可与瘦肉、姜丝、鸡片等炒食；可与黄豆浆做羹；也可以与鸡蛋、鱿鱼、虾仁、乌鸡煲粥。

注意:脾胃虚寒而无淤滞者忌食,且不宜放在铁器餐具内煎煮。

## (十三)苋菜



### ☞ 185. 苋菜有哪些别名?

苋菜又叫米苋、赤苋。

图 13 苋菜



### ☞ 186. 苋菜生长要求怎样的环境条件?

苋菜(图 13)的适应性强,喜温暖,耐热而不耐旱。生长适温 23～27℃,20℃以下生长缓慢;10℃以下种子萌发困难,植株基本停止生长;高于 30℃产品品质较差。在高温短日条件下极易开花结籽。开花结果期需要较干燥的环境和较充足的光照。春季栽培,抽薹迟,品质较嫩,产量高。30℃日温和 25℃夜温是苋菜最适营养生长的条件,相对较高的根温有利于早期的营养生长。苋菜耐旱性极强,对空气湿度及土壤要求都不严格。较喜偏碱而肥沃的土壤。

## ☞ 187. 种植苋菜前应进行怎样的土壤准备?

宜选地势平坦、排灌方便、杂草较少的地块翻耕,施用有机肥 2 000 kg 左右,并加过磷酸钙 15 kg,整细耙平、做畦。

## ☞ 188. 苋菜播种时应注意什么?

苋菜一般采取种子繁殖。

露地栽培在气候稳定在 15℃以上时播种,春播抽薹开花迟,生长期长,品质柔嫩,产量高;夏秋播种易抽薹开花,品质粗老,产量较低。

干籽撒播,播种量为每 667 $m^2$ 播 0.5～2 kg,播后用耙轻耧,稍加镇压,使种子与表土混匀,后浇透水。春季气温较低,播种量较大;夏秋季节发芽温度适宜,播种量小。从播种到出苗,春季约需 10 天,夏秋季节需 3～5 天。出苗前后保持土壤湿润,及时除草。

## ☞ 189. 怎样进行苋菜的肥水管理?

苋菜长至 2～3 片真叶时施第一次肥;过 10～15 天追第二次肥,以后每采收一次追肥一次。每 667 $m^2$ 追施 10 kg 硫酸铵,并注意保持土壤湿度。

## ☞ 190. 如何防治苋菜常见病害?

苋菜的常见病害为褐斑病,真菌性病害,主要危害叶片。病菌以菌丝体和分生孢子器在病株或土中的病残体上越冬。病斑圆形至不规则形,黄褐色。发病后期病斑中部变为灰褐色至灰白色，病健界线分明，病斑两面均密生小黑点，即病原菌的分生孢子器，在高温多雨的条件发病较为严重。

防治方法

①合理肥水，及时排除田间积水；

②药剂防治：在发病初期可喷农抗120200倍液，或70％甲基硫菌可湿性粉剂1 000倍液加75％百菌清可湿性粉剂1 000倍液混合喷洒，每7～10天喷1次，连续2或3次。采收前7天停止用药。

## ☞ 191. 如何防治苋菜常见虫害?

苋菜的常见虫害为蝼蛄，成虫和幼虫均具破坏性，在土中咬食刚播的种子的幼芽，咬断幼苗的根茎或咬成乱麻状，使幼苗倒伏，枯死。蝼蛄在土壤表层穿行形成隧道，使幼苗根部与土壤分离，使幼苗缺乏肥水而枯死。

防治方法

①进行水旱轮作，精耕细作，施用充分腐熟的有机肥；

②毒饵诱杀：用谷秕煮熟拌上90％敌百虫，撒于畦面、播种沟内、蝼蛄活动的隧道处；

③人工捕杀：早春根据蝼蛄造成的隧道虚口查找虫窝进行捕杀；

④药剂防治：每667 $m^2$ 用5％辛硫磷颗粒剂1～1.5 kg撒于地面，再耙入地里。

## ☞ 192. 苋菜的膳食功效及营养成分是什么?

苋菜有解毒、凉血的功效，可以治疗溃疡、红白痢等病症。

其嫩茎叶含有丰富的脂肪、蛋白质、钙、磷等，还含大量的维生素、草酸盐及苋色素、甜菜碱。

### 193. 怎样食用苋菜？

一般食用苋菜的嫩茎叶。

苋菜的嫩叶洗净后，可以与蒜茸、各种调味品凉拌；可与鸡片、瘦肉或排骨炒食或红烧；可与鸡蛋、鱿鱼、海参、虾仁等做汤。

## (十四)灰菜

### 194. 灰菜有哪些别名？

灰菜(图 14)又叫鹤顶草、胭脂菜、灰苋菜。

图 14　灰菜

## 195. 灰菜生长要求怎样的环境条件?

灰菜对环境的适应性强,较喜冷凉湿润的环境。耐高温、低温,耐盐碱,4～5℃种子可缓慢发芽,22～25℃发芽良好,在均温14～16℃生长最快。花芽分化和抽薹要求长日照条件。对土壤要求不严格。因其多次采收,生长期长,应增施基肥。

## 196. 种植灰菜前应进行怎样的土壤准备?

灰菜适应性较强,耐盐碱,一般土地均可种植。前茬作物收割后,深耕23～27 cm,及时打碎土块。如果耕层浅,整地粗糙,播种后根系发育不良。结合整地施入养分完全含氮量较高的粪肥;肥土混匀后,做1.3 m宽的平畦。若基肥不足,则幼苗生长细弱,耐寒力差。

## 197. 灰菜播种时应注意什么?

灰菜播种前,一般应进行浸种催芽,用凉水浸泡种子12～24 h,捞出后在25～27℃下催芽,3～5天后胚根露出即可播种。播种方式可采用条播或撒播。春秋均可播种,春天一般4月上旬播种,秋天9～11月份均可播种。一般每667 $m^2$ 播种量为4～5 kg。播前土壤干旱可浇水保墒。

## 198. 怎样进行灰菜的肥水管理?

灰菜出苗后前期生长缓慢,田间易生杂草,应及时除草以防杂草过旺,抑制幼苗生长。当幼苗长至3～5片叶时浇水1次,并结合浇水每667 $m^2$ 施速效氮肥20～30 kg。每隔 7～10 天浇水 1 次，每月施速效氮肥 15～20 kg。收获前 3～4 天停止浇水。

## 199. 如何防治灰菜常见病害？

灰菜的常见病害为病毒病，又叫花叶病，由几种病毒侵染引起的，病毒在寄主体内越冬。病株心叶萎缩或呈花叶，老叶提高枯死脱落，植株卷缩成球形。受黄瓜花叶病毒侵染的病株叶形细小、畸形，节间萎缩，呈丛生状，新叶黄化。受芜菁花叶病毒侵染后的病株，叶片呈不规则形或浓淡相间的大花斑，叶缘向上卷。感染甜菜花叶病毒的植株，叶脉透明，新叶变黄，也产生斑驳及向下卷曲。早播，窝风及靠近萝卜、黄瓜的地块易发病。

防治方法

①清洁田园，加强栽培管理，彻底清除病株，带到田外深埋或烧毁。选远离萝卜、黄瓜、房屋的地块，适时播种，施用有机肥，增施磷钾肥。

②利用银灰膜避蚜。

③药剂防治：在苗期及蚜虫发生初期，喷 50%灭蚜松乳油 1 000～1 500 倍液，或 50%抗蚜威可湿性粉剂 2 000～3 000 倍液轮流使用。每 6～7 天喷 1 次，连续 2 或 3 次。

## 200. 如何防治灰菜常见虫害？

灰菜的常见虫害为菜螟，俗称钻心虫、剜心虫，以老熟幼虫吐丝缀合泥土，枯叶结成丝囊越冬。主要以幼虫吐丝结网，将心叶缠成一团，取食心叶，春、秋两季均可发生，以秋季危害严重。

防治方法

①农业防治:收获后深翻土地,间苗时拔除虫苗烧毁,适时浇水,增加田间湿度,不利于幼虫发生;

②药剂防治:发生幼虫吐丝结网为害心叶时喷药于心叶上,用90%敌百虫800～1 000倍液或50%辛硫磷乳油800～1 000倍液,或40%菌杀乳油2 000～3 000倍液,各药剂交替使用。

## 201. 怎样采收灰菜?

当灰菜幼苗长到25～30 cm时进行采收,可一次性收割,也可采收其嫩茎叶。

## 202. 灰菜的膳食功效及营养成分是什么?

食用灰菜具有清热解毒、养心安神的功效。对于体虚、乏力、夜盲等病症有显著的疗效。灰菜的营养丰富,每100 g嫩苗含脂肪0.7 g、碳水化合物5 g、粗纤维1 g、胡萝卜素5.25 mg,另还有维生素$B_2$、维生素C和大量钙、铁、灰菜碱、氨基酸、脂肪油。

## 203. 怎样食用灰菜?

一般食用灰菜的嫩茎叶及幼苗。

食用前要将苦味除去,可将灰菜的嫩苗在汤水中焯熟,再用清水泡去苦味后,加入味精、蒜泥、麻油等拌食;可与瘦肉、猪心、羊肉等炒食;也可切碎与面粉拌匀后擀皮,做成包子,口感独特。

## （十五）鸭跖草

### ☞ 204. 鸭跖草有哪些别名？

鸭跖草（图15）又叫竹节草、蓝花菜。

图15　鸭跖草

### ☞ 205. 鸭跖草生长要求怎样的环境条件？

鸭跖草喜温暖湿润的环境，耐寒，生长的适宜温度为25～30℃。对土壤适应性极强，以湿润、靠近水源的地块为最好。

### ☞ 206. 鸭跖草的繁殖方式有哪些？

鸭跖草有多种繁殖方式，可用种子繁殖、插条繁殖、分株繁殖等方式。

**(1)种子繁殖**

鸭跖草用种子繁殖可于2月下旬至3月上旬在温室育苗。播种前用25℃温水浸种8～10 h,25～27℃下催芽3～5天露白后即可播种。育苗可采用条播或撒播的方式,在整好的畦内按10～15 cm行距开沟,将催好芽的种子均匀撒入沟内,覆土,稍加镇压后保持土壤湿润。在适宜温湿度条件下,7天左右即可出苗,出苗后降低温湿度管理,以免幼苗徒长。

**(2)插条繁殖**

鸭跖草的每个节都可以产生新根,将植株的茎剪下在整好的田内按5 cm×10 cm的株行距扦插定植,扦插后保持土壤湿润,光照较强时应搭荫棚遮阳,避免失水过多扦插苗死亡。15天左右即可生根。

**(3)分株繁殖**

春季在地上部分萌发前,将根挖出,分成小堆定植。一般每块根可分为10株左右的小株。按10 cm×10 cm的株行距定植于大田。

## ☞ 207.种植鸭跖草前应进行怎样的土壤准备?

鸭跖草喜温暖湿润环境,耐寒,对土壤要求不严格,一般以沙质壤土栽培为宜。大田播种前,应先进行深翻土地,结合翻地每667 $m^2$ 施入堆肥2 500～3 000 kg或粪尿1 500～2 000 kg,草木灰50～100 kg。肥料翻入土中,做成宽1.5 m的畦。

## ☞ 208.怎样进行鸭跖草的田间管理?

鸭跖草定植后应勤除草,防止杂草滋生。根据植株生长和采收情况进行追肥。扦插或移栽成活后，结合中耕除草，每667 $m^2$ 施入人粪尿1 500～2 000 kg，以后每3～5天浇水1次，每隔1或2次浇水施1次稀粪。种子播种后1.5～2个月，扦插或育苗移栽1个月后可采收嫩梢，密植栽培的早期可间拔采收。每次采收后2～3天进行浇水追肥，每667 $m^2$ 施硫酸铵10～15 g。

## ☞ 209. 如何防治鸭跖草常见病害?

鸭跖草的常见病害为白锈病，真菌性病害，主要危害叶和茎。病菌以卵孢子随病残体遗落在土中或附在种子上越冬。叶片受害，叶正面初现淡黄色斑点，斑点变褐，叶背相应部位出现白色隆起状疱斑，斑有时联合形成大的疱斑。内有大量的孢子囊，后期疱斑破裂后散出白色孢子囊。叶片受害严重时病斑密集，病叶畸形，枯黄脱落。茎受害，受害部肿胀畸形，内含大量卵孢子。寄主表面有水膜，病菌才能侵入，孢子囊在叶片幼嫩阶段侵染。

防治方法

①选用无病种子或用种子质量0.3%的35%甲霜灵拌种；

②实行合理的轮作。

## ☞ 210. 如何防治鸭跖草常见虫害?

鸭跖草的常见虫害为蚜虫。危害作物时，主要以成虫或若虫群集在幼苗、嫩叶、嫩茎和近地面叶上，以刺吸式口器吸食植物的汁液。由于蚜虫的繁殖力大，进行群集危害，造成叶片严重失水和营养不良，使叶面卷曲、皱缩，此外蚜虫还可以传播多种病毒。在一年中，春季和秋季是蚜虫的大发生期,夏季发生较少。

防治方法

①选用抗虫品种。

②及时清除田间杂草,尤其是在初春和秋末除草。生长期拔除蚜虫较多的苗。

③利用捕食性天敌(如七星瓢虫、十三星瓢虫、大草蛉、大绿食蚜蝇等)、寄生性天敌(如蚜茧蜂)和微生物天敌(如蚜霉菌等)。

④利用防虫网。

⑤适当提前播种期,使受害期在植株长大以后发现。

⑥在田间挂银灰色塑料条,或铺银灰色地膜,或插银灰色支架,利用蚜虫对银灰色的负趋性,趋避蚜虫。

⑦在田间插 50 cm×20 cm 的黄板,上涂机油,或在木板上涂描黄油,用以粘杀蚜虫。

⑧药剂防治:用 50%避蚜雾可湿性粉剂或水分散粒剂 2 000～3 000 倍液,或 70%灭蚜松可湿性粉剂 2 500 倍液等进行喷雾,可在不伤害天敌的情况下防治蚜虫。

## ☞ 211. 怎样采收鸭跖草?

鸭跖草采收一般是采收其嫩梢或在幼苗长至 20～30 cm 时一次性割收。

## ☞ 212. 鸭跖草的膳食功效及营养成分是什么?

鸭跖草具有凉血、解毒的功效。对于热痢、感冒、黄疸肝炎、尿血等病症疗效显著。鸭跖草含有大量营养成分,每 100 g 嫩叶含蛋白质 3.9 g、脂肪 1.1 g、粗纤维 4.3 g、钙 276 mg、磷 53 mg、铁 4.3 mg、抗坏血酸 6 mg,另外含有胡萝卜素、硫胺素、核黄素、尼克酸。

### 213. 怎样食用鸭跖草?

一般食用鸭跖草嫩叶。

鸭跖草的嫩叶洗净后,可与排骨、蚌肉、乌鸡等煲汤;可与虾仁、腰果等炒食;也可素炒。

## (十六)茵陈蒿

### 214. 茵陈蒿有哪些别名?

茵陈蒿(图 16)的别名有野兰蒿、细叶青蒿、绒蒿、婆婆蒿。

图 16　茵陈蒿

### 215. 茵陈蒿生长要求怎样的环境条件?

茵陈蒿对气候适应性强,较耐寒,10 cm 地层温度达

4℃时就开始生长，最适生长温度为12～18℃。冬季地上茎叶枯死，地下宿根可露地越冬。其生命力较强，抗旱耐涝，但开花期喜干燥。对土壤要求不严格，以排水良好、向阳而肥沃的沙质壤土栽培为好。茵陈蒿对光照适应性强，但强光照易使植株老化。



## 216. 种植茵陈蒿前应进行怎样的土壤准备?

由于茵陈蒿属于直根系，主侧根区分明显，主要根群分布在土壤表层，根系较浅。所以茵陈蒿种植前应普遍翻耕一遍，一般翻耕20～30 cm，翻地同时每667 $m^2$ 施腐熟有机肥1 500～2 000 kg及尿素30 kg，与土壤混匀，翻入土中作为基肥，将土地整细耙平待播。

## 217. 茵陈蒿一般采用什么繁殖方式?

茵陈蒿大多采用种子繁殖。



## 218. 茵陈蒿的栽培适宜的季节是何时，注意事项有哪些?

茵陈蒿在我国北方地区春、夏、秋都能露地栽培，冬季可以在温室内栽培，生产中主要以春秋栽培为主。

**(1)春播**

当土层10 cm地温回升到7～8℃或以上时开始播种。早春温度低时，可用小拱棚保护。播前3～5天用温水浸种24 h，15～20℃催芽，露白后撒播，每667 $m^2$ 用种量为0.7～0.8 kg，播后覆土1.5 cm左右。一般6～7天可出苗，12片叶时疏苗，苗距约2 cm，并随时拔除杂草。

苗期应适当控水，以防湿度过大，发生猝倒病。株高 8～10 cm 进入生长旺盛期，加强肥水管理，每 667 $m^2$ 顺水追施硫酸铵 15～20 kg，保持土壤湿润。株高 18～20 cm 时即可收获，一般采用割收，在植株基部留 2～3 叶处割收，以便割后基部发生侧枝。割后加强肥水管理，促进侧枝发生。以后可连续收割，直至开花。每667 $m^2$ 产量为 1 000～1 500 kg。

采用拱棚提前播种的茵陈蒿出苗前不放风，出苗后棚温保持在 17～20℃，超过 25℃时应及时通风，防止徒长。8 片叶前一般不追肥浇水，以利于土壤升温。10 片叶后水肥齐攻，灌水后注意通风。可一次性拔收或多次采收其嫩茎叶。

**(2)秋播**

8～9 月份播种，播种前整平土地。用冷水浸种 24 h，在 20℃下催芽。条播行距 10～15 cm，播幅 5～6 cm，沟深 1.0～1.5 cm。播后浇水或落水后撒播，每 667 $m^2$ 播种量为 2.5～3.0 kg。密植栽培时每 667 $m^2$ 播种量为 3～4 kg。秋延后保护地栽培比露地秋茬晚 20～30 天，幼苗在露地生长，当外界气温下降到 12～15℃时灌水追肥，然后扣棚。白天棚温升到 25℃以上时放顶风，夜晚棚温降到 7～8℃时，可增加覆盖物提高棚温，比露地可延迟 15～20 天收获。

## 219. 如何防治茵陈蒿常见病害？

茵陈蒿的常见病害为菌核病，真菌性病害，主要危害植物的茎，病菌在病株残体或种子上越冬。发病初期，茎的中下部出现水渍状病斑，后逐渐变为灰白色。在潮湿的条件下，病部呈现软腐状，同时表面产生白色霉层。发病后期，发病部位的皮层霉烂成丝裂状，内有鼠粪状黑色菌核，有时茎表面也产生菌核。在干燥的条件下，病菌在土壤中可长期存活。

防治方法

①在无病区或无病株上留种。播种前，种子用10%稀盐水浸洗，再用清水反复冲洗干净。

②实行合理的轮作制度，与非豆科作物实行3年以上的轮作，与水生蔬菜或水稻实行1年轮作。

③在发病严重的保护地，在夏季高温季节可先灌水淹地，再密闭大棚，提高棚内温度，用高温高湿来杀死土壤中的菌核。播种前，先盖地膜后播种，及时清除田间病株、病残体，将其带出田外进行深埋或烧毁。

④药剂防法：发病初期用50%扑海因可湿性粉剂1 000～2 000倍液，或40%菌核净可湿性粉剂1 000～1 500倍液，或50%多菌灵可湿性粉剂500倍液。每10～15天喷1次，连续3或4次。

## 220. 如何防治茵陈蒿常见虫害？

茵陈蒿的常见虫害为蝼蛄，成虫和幼虫均有破坏性，在土中咬食刚播种子的幼芽，咬断幼苗的根茎或咬成乱麻状，使幼苗倒伏，枯死。蝼蛄在土壤表层穿行形成隧道，使幼苗根部与土壤分离，使幼苗缺乏肥水而枯死。

防治方法

①进行水旱轮作，精耕细作，施用充分腐熟的有机肥；

②毒饵诱杀：用谷秕煮熟拌上90%敌百虫，撒于畦面、

播种沟内、蝼蛄活动的隧道处；

③人工捕杀：早春，根据蝼蛄造成的隧道虚口查找虫窝进行捕杀；

④药剂防治：用5％辛硫磷颗粒剂每667 $m^2$ 1～1.5 kg撒于地面，再耙入地里。



## ☞ 221. 茵陈蒿的膳食功效及营养成分是什么？

茵陈蒿具有消炎解毒、止咳平喘、降脂降压等功效，对于慢性肝炎、胆囊炎、胆道炎及胆囊癌有较好疗效。

茵陈蒿的嫩叶中含有效成分6,7-二甲氨基香豆精。每100 g茎叶含脂肪0.5 g，碳水化合物9.2 g，蛋白质5.4 g，粗纤维4.5 g，维生素C 1 mg，胡萝卜素4.97 mg。此外，还有一些矿质元素，如钙、磷、铁等。

## ☞ 222. 怎样食用茵陈蒿？



多食用茵陈蒿嫩苗。

一般茵陈蒿的鲜嫩苗可用滚水焯熟后与绿豆芽、豆腐及各种调味料凉拌；切碎后可与玉米面拌匀后做蒸糕；可与肉丸、鸭肉等煲汤；也可与干姜、茅根、虎杖等煎水制茶。

# （十七）紫菀

## ☞ 223. 紫菀有哪些别名？

紫菀（图17）的别名有青菀、夜牵牛、紫菀茸。

图 17　紫菀

## ☞ 224. 紫菀生长要求怎样的环境条件？

紫菀喜温暖湿润环境，怕干燥，尤其在 6～7 月份，叶片生长最快时期若遇干旱生长受阻，造成大幅度减产。耐寒力强，在北方地下根茎能露地越冬，对土壤要求不严，人工栽培以土层深厚、土质疏松、肥沃、排水良好的沙质壤土为好。土质过黏或过沙以及盐碱地，均不宜种植，土壤反应以中性至微碱性为宜。



## ☞ 225. 紫菀的繁殖方式及种块选择的条件有哪些？

紫菀多采用根状茎进行无性繁殖，为保证质量和产量，应对根状茎进行精细筛选，在采收时，选择粗壮、节密、色白较嫩、紫红色、无虫伤斑痕、接近地面的根状茎做种。不采用芦头部的根状茎做种块，因为这样的根状茎栽植后容易抽薹开花，影响根部质量。将选好的具有休眠芽的根状茎切除下端幼嫩部分及上端芦头部分。取其中段，并将其截成 5～7 cm 的小段，每段需有 2～3 个休眠芽，切好后即可栽植。

## 226. 种植紫菀前应进行怎样的土壤准备？

紫菀喜温暖湿润，耐寒力强，地下根茎能露地越冬。但紫菀怕旱，尤其是 6～7 月份营养生长盛期若遇干旱，将造成大幅度减产。根据生长习性将土地选好以后，先将土地深翻 30 cm 以上，结合整地每 667 $m^2$ 施入腐熟厩肥 2 500～3 000 kg 或饼肥 150 kg 翻入土中作为基肥，栽种前再浅耕 1 遍，整平耙细做成宽 1.3 m 的高畦或高垄，畦沟宽 40 cm，四周开好较深的排水沟，以利于雨季及时排水防涝。

## 227. 怎样进行紫菀种块的栽植？

紫菀用根状茎繁殖，春秋两季栽植，春栽一般于 4 月上旬，秋栽于 10 月下旬进行。多采用秋栽，但在寒冷地区为防止种苗冬季冻死，以春栽为宜。栽前将选好的根状茎剪成 6～8 cm 长的小段，每段有芽眼 2～3 个，以根状茎新鲜、芽眼明显的发芽力强。在做好的畦上按行距 25～30 cm 开沟，沟深 5～7 cm，将切好的茎段按株距 15～17 cm 顺沟摆放，芽眼向上。用拌有人畜粪水的灶灰覆盖 2～3 cm，再盖细土与畦面齐平。每 667 $m^2$ 需要种根 15～20 kg。栽后稍加压紧，浇水湿润，盖一层薄草，保温、保湿。冬栽的于第二年 3 月初萌动，3 月下旬出苗，齐苗后揭去盖草，注意保墒保苗。

## 228. 怎样进行紫菀的田间管理？

**(1)中耕除草和追肥**

早春和初夏杂草较多，应及时除草以免影响作物正常生长。在中耕除草的同时结合追肥。一般每年进行 3 次，第一次在齐苗后。应浅松土，以免伤及根部。除草后每 667 $m^2$ 再施入人畜粪水 1 000～1 500 kg。第二次在苗高 7～9 cm 时，中耕后每 667 $m^2$ 再施入人畜粪水 1 500 kg。第三次在夏至植株封行前进行，中耕除草后每 667 $m^2$ 施用堆肥 300 kg，加饼肥 50 kg 混合堆沤后，于株旁开沟施入，施后盖土。封行之后，如有杂草宜用手拔除。

**(2)排灌水**

紫菀喜湿怕旱，在生长期间应经常保持土壤湿润，尤其是在 6～7 叶生长旺盛期，若遇干旱要及时灌水，否则影响生长发育，造成减产。秋季高湿干旱时，宜进行沟灌 2 或 3 次，当水渗透后，立即排除余水。雨季要注意疏沟排水；田间不能积水，否则易造成烂根。多灌水，勤松土，保持土壤湿润，是取得高产的关键。

**(3)剪除花薹**

紫菀一般采用具腋芽的紫红色根状茎作繁殖材料，不抽薹开花；若用芦头繁殖则要抽薹开花、结籽，需消耗大量养分。除留种外，8～9 月份抽薹时一律剪除，这有利于根茎生长发育。

## 229. 如何防治紫菀常见病害?

紫菀的常见病害为根腐病，真菌性病害，主要危害根茎、叶柄基部。病菌以菌丝体及菌核在土中越冬。发病初期，根和根茎局部变褐、腐烂；叶柄基部褐色，形成梭形或椭圆形的烂斑。最后，叶柄基部烂尽，叶子枯死，根茎腐烂。一般在 6～10 月份发生。高温湿润易于发病。

防治方法

①在无病田里留种；

②雨后开沟排水，降低田间湿度；

③药剂防治：发病初期用50%多菌灵可湿性粉剂1 000倍液，或50%托布津可湿性粉剂1 000倍液喷洒在植株基部及周围地面。



## 230. 如何防治紫菀常见虫害？

紫菀的常见虫害为银纹夜蛾，7～9月份幼虫危害叶片，以蛹越冬。幼虫咬食叶片成孔洞或缺刻，严重时叶片被吃光，只留叶脉。初龄幼虫常群集心叶背面，咬食叶下及叶肉，老熟幼虫在植株上作薄丝茧化成蛹，有假死性，抗药性强。

防治方法

①利用幼虫假死性，人工捕捉幼虫；

②药剂防治：用90%晶体敌百虫800～1 000倍液，每7天喷1次，连续2或3次。



## 231. 何时是紫菀的采收季节，注意事项有哪些？

紫菀于栽后1年采收，一般于11月份茎叶枯萎后至第二年早春2月份萌发前均可进行。采收时，先割去地上枯萎茎叶，稍浇水湿润土壤，使其疏松。然后小心挖出小根及根状茎。切勿弄断须根。挖出后抖去泥沙取下节密的根状茎作种栽，其余的洗净即可包装上市。

## 232. 紫菀的膳食功效及营养成分是什么？

紫菀有和中、祛湿的作用，对感冒暑热、头痛、呕吐泄泻、痢疾、口臭等症有较好食疗作用。

紫菀中含有大量营养物质，每 100 g 叶片中含蛋白质 2.7 g，脂肪 0.4 g，粗纤维 3.4 g，还含有钙、磷、铁、抗坏血酸、胡萝卜素、硫胺素、核黄素、尼克酸。

### ☞ 233. 怎样食用紫菀？

紫菀的叶片可食用。

紫菀的叶片洗净后可裹面炸食；可与蘑菇、排骨、虾仁等炒食；可与粗粮和面蒸制面食；还可与肉馅制成包子、饺子。

## （十八）冬寒菜

### ☞ 234. 冬寒菜有哪些别名？

冬寒菜（图 18）的别名有冬苋菜、马蹄菜、滑肠菜。

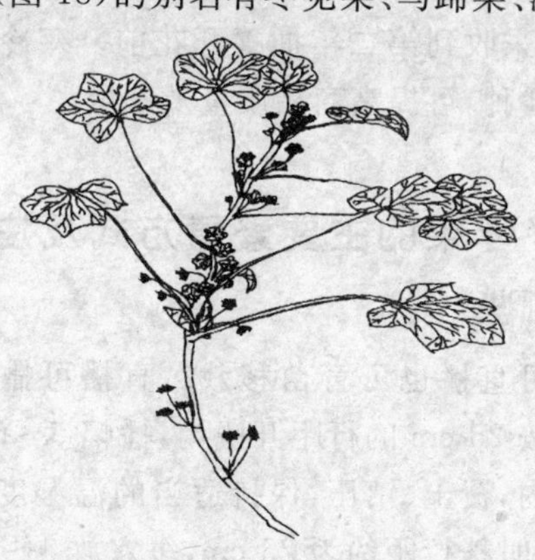

图 18 冬寒菜

## 235. 冬寒菜生长要求怎样的环境条件?

冬寒菜喜冷凉、湿润气候,不耐高温和严寒,但耐低温,生长适温为15～20℃。地上部耐轻霜,轻霜不枯,低温还可增进品质,严寒时枯黄。根系耐寒,在陕西关中可露地越冬,第一年春天再发新枝。耐热力差,夏季高温时生长不良,品质差。对土壤要求不严,以排水良好、疏松肥沃,保水保肥的土质更易丰产。种子8℃开始发芽,发芽适温为25℃,30℃以上高温时病害严重。低于15℃植株生长缓慢。施肥以氮肥为主,需肥量大,耐肥力强。

## 236. 冬寒菜的栽培季节及方式是什么?

我国北方地区露地种植,春、秋两季均可栽培,春季于4月份播种,6月份开始采收,摘2或3次即抽薹开花。秋季于8～10月份播种,最适播种期为9月份下旬,从苗期陆续采收,持续采收到第二年抽薹开花前。寒冷地区可于冬季在温室内播种,可提高商品质量及产量。



## 237. 冬寒菜的主要繁殖方式及注意事项有哪些?

冬寒菜可直播也可育苗移栽。直播可撒播、条播、穴播。条播可按25 cm的行距开浅沟,播幅5～6 cm,将种子均匀撒入沟内,覆土、镇压,保持适当的温湿度7～10天即可出苗;穴播时株行距约为25 cm,每穴放4～5粒种子,定苗时留2～3棵苗。播种后最好用经腐熟的人粪尿泼浇作为种肥,并起覆盖种子的作用,有利于种子发芽生长。穴播每667 $m^2$用种子0.3 kg;撒播每667 $m^2$用量为0.5～1.0

kg；若育苗移栽每 667 $m^2$ 用量为 0.15 kg。

冬寒冷地春栽最好用育苗移栽，可用 72 孔穴盘，每 667 $m^2$ 需苗盘 122 个；如用 128 孔苗盘则每 667 $m^2$ 需用 70 个。基质选用草炭 1 份、蛭石 1 份、废姑料 1 份，只需 0.3 kg。配制基质时加入氮磷钾复合肥（比例为 1∶1∶1）0.3 kg，磷酸二氢钾 0.18 kg，混合拌匀后装盘。苗期 2 叶 1 心时，结合喷水进行 1 或 2 次叶面喷肥，苗高 5～10 cm 时移栽，成活率可达 98%以上。

## ☞ 238. 种植冬寒菜前应进行怎样的土壤准备？

冬寒菜在雨季或地下水位较高的地区种植宜用高畦，在气候较干燥、雨水少的地区可用平畦。播种前应深翻土壤 20～30 cm，结合整地每 667 $m^2$ 施入腐熟有机肥 2 000～3 000 kg 作为基肥。施肥后，将地整细耙平，做成宽 1.2 m的平畦或高畦。

## ☞ 239. 怎样进行冬寒菜露地栽培及田间管理？

露地春播时土温及气温均较低，播种后 8～10 天出苗，4～5 片真叶时结合采收进行间苗、除草。穴播的每穴留苗 2～4 株，撒播的间苗要早些，进行 2 或 3 次，定苗时苗距 20 cm 左右，留 2～3 棵一簇。

露地秋播 5～7 天出苗，保护地苗盘育苗 4～5 天出苗。

播种后应保持土壤湿润，间苗后浇水，可结合浇水施速效氮肥催苗，每 667 $m^2$ 施用尿素 5 kg，每次采收后随水追肥，每 667 $m^2$ 每次用尿素 5～8 kg。

## ☞ 240. 如何防治冬寒菜常见病害？

冬寒菜的常见病害为霜霉病，真菌性病害，主要危害叶片。病菌随病残体在土壤中越冬，也可在母株上越冬。叶片被害，叶面出现淡黄色小斑点，后扩大为不规则的淡黄色斑。严重时叶片大片枯黄，病斑叶背面往往产生紫色霉层。低温高湿的环境下发病较重。

防治方法

①收获时彻底清洁田园，残株落叶要深埋或烧毁。

②施足肥料，使植物生长健壮，增强抗病力。

③合理灌水，注意降低田间湿度。

④药剂防治：喷 75%百菌清可湿性粉剂 500 倍液，或 64%杀毒矾可湿性粉剂 400～500 倍液，或 40%疫霜灵可湿性粉剂 500 倍液，或 50%多菌灵可湿性粉剂 500 倍液。每 5～7 天喷 1 次，连续 2 或 3 次。



## ☞ 241. 如何防治冬寒菜常见虫害？

冬寒菜的常见虫害为蚜虫。危害作物时，主要以成虫或若虫群集在幼苗、嫩叶、嫩茎和近地面叶上，以刺吸式口器吸食植物的汁液。由于蚜虫的繁殖力大，群集进行危害，造成叶片严重失水和营养不良，使叶面卷曲、皱缩，此外蚜虫还可以传播多种病毒。在一年中，春季和秋季是蚜虫的大发生期，夏季发生较少。

防治方法

①选用抗虫品种。

②及时清除田间杂草，尤其是在初春和秋末除草。生长期拔除蚜虫较多的苗。

③利用捕食性天敌，如七星瓢虫、十三星瓢虫、大草蛉、

大绿食蚜蝇等；寄生性天敌，如蚜茧蜂；微生物天敌如蚜霉菌等。

④利用防虫网。

⑤适当提前播种期，使受害期在植株长大以后出现。

⑥在田间挂银灰色塑料条，或铺银灰色地膜，或插银灰色支架，利用蚜虫对银灰色的负趋性，趋避蚜虫。

⑦在田间插 50 cm×20 cm 的黄板，上涂机油，或在木板上涂抹黄油，用以粘杀蚜虫。

⑧药剂防治：用 50%避蚜雾可湿性粉剂或水分散粒剂 2 000～3 000 倍液，或 70%灭蚜松可湿性粉剂 2 500 倍液等进行喷雾，可在不伤害天敌的情况下防治蚜虫。

## 242. 冬寒菜采收时要注意些什么?

冬寒菜可食用部位为幼苗，播后 50 天左右可陆续间拔幼苗，洗净根部泥土即可上市。

冬寒菜进入旺盛生长期后，主要以采收嫩梢为主，在苗高约 20 cm 时开始采摘顶梢。冬季采收，每次可留茬 4～7 cm，在 4～5 节处采摘，若留茬太短，则易受冻害，而且伤及基部的芽致使收获量减少。春季采收则应贴近地面留 1～2 节采摘，否则会因留茬过高使侧芽萌发过多，养分分散，新生的芽瘦弱，减少产量。

## 243. 冬寒菜的膳食功效及营养成分是什么?

冬寒菜有利水、清热、解毒的功效，对于肺热、咳嗽、热毒下痢、黄疸等病症食疗效果显著。

冬寒菜营养丰富，每 100 g 食用部分含蛋白质 2.9 g，脂肪 0.35 g，糖类 3.8 g，粗纤维 1.3 g，钙 333 mg，磷

52 mg，铁 2.8 mg，胡萝卜素 7.67 mg，硫胺素 0.25 mg。此外，还含有核黄素、尼克酸、抗坏血酸。

### ☞ 244. 怎样食用冬寒菜？

一般食用冬寒菜的嫩叶、幼苗。

冬寒菜可以用滚水焯熟后与蒜茸即各种调料拌食；可与鸡蛋、西红柿等做汤；可与鸡肉、蚌肉等炒食；还可与鸭作扒鸭，味道极佳。

## （十九）荚果蕨

### ☞ 245. 荚果蕨有哪些别名？

荚果蕨又叫野鸡膀子。

### ☞ 246. 荚果蕨生长要求怎样的环境条件？

荚果蕨喜冷凉的环境，适应范围广，在海拔 2 000 m 的地方也有生长，在地温 5℃以上开始生长，生长的最适温度为 15～20℃，地下根茎耐寒。荚果蕨要求土壤较湿润，且较耐瘠薄，在富含有机质的壤土上栽培最好。

### ☞ 247. 荚果蕨的繁殖方式有哪些？

荚果蕨可以通过两条途径进行繁殖，即用营养体进行无性繁殖和用孢子进行有性繁殖。

**(1)营养体繁殖**

主要是分茎繁殖。利用其直立茎或根状茎的一部分，要求带根带叶。栽植后可产生一棵新植株，称为分茎繁殖。

**(2)孢子繁殖**

①孢子的采集:当孢子囊开始成熟时,便由绿色变为淡褐色、黄色、橘黄色或深褐色。在收取孢子时,选采叶片上的孢囊最好已变成成熟的黄褐色,将采下的叶片放入一个干净的光滑的纸袋中,密封折叠,一般叶片在纸袋中放 1～2 天,使绝大部分孢子弹射到纸袋里,然后再打开纸袋取出叶片,将孢子收好。

②播种:孢子的播种方法有很多。

a. 基质培养法:基质采用 1～2 份泥炭藓,加 1 份细沙,过 3 mm 孔径的筛后,平铺在浅盆上。孢子播于基质表面,盆上盖一块玻璃或塑料板,保证其小环境有足够的湿度,以利于孢子的萌发。

b. 营养液培养法:采用蕨类植物孢子的营养液配方,绝大多数蕨类孢子的萌发不需要调节 pH 值。营养液要先在高压消毒锅内灭菌,冷却后即可将孢子轻轻播撒在液面上,加盖。播后必须保证孢子漂浮在液面之上。

c. 琼脂培养法:在营养液中加入琼脂,灭菌后播入孢子。这种方法培养孢子主要用于科学研究。播后放在光线、湿度适宜的地方,15～30 天就能出现淡淡的绿色,说明孢子已萌发。

从孢子萌发到出现肉眼可见的绿色原叶体后,移植就可以开始了。幼小原叶体可先移植到小花盆中,栽培基质由半沙、半泥炭藓配成,使用前经过消毒,移植时要保证使原叶体与新的基质紧密接触,使其根容易插入其内。移植后的原叶体需喷雾浇灌。当原叶体渐渐长大,并在上面萌生出幼小的孢子体后,再进行第二次移植,移到较大的花盆中,直到长到 2～3 cm 即进入孢子体世代。

## ☞ 248. 怎样进行荚果蕨的田间管理?

栽培荚果蕨,在较温暖的季节,施肥量可以适当增加,而在较寒冷的季节,则应少施肥或不施肥。旺盛生长期要进行修剪,除去老叶和受损伤的叶片。修剪时最好从叶柄基部切除,不同季节栽培管理的方法也有不同。

①冬季:生长在温带的荚果蕨冬季开始休眠,只需很少的管理。若生长在亚热带地区,冬季生长极为缓慢,除了适当的修剪老叶或每月浇一次水和肥外,几乎无其他管理。

②春季:在温带和亚热带地区,春季蕨类生长相当旺盛,新嫩的幼叶不断地萌发出来并伸展开来。初春最重要的管理是修剪,务必在嫩叶长出之前剪去衰老枯死的叶片。春季要及时施肥促进生长,通常要以每 2～3 周施肥 1 次为宜,春季是分株移栽的大好时机。分株最好赶在幼叶展开之前进行。

③夏季:进入夏季后,绝大多数蕨类还会长出新的叶子,仍需提供充足的肥料。夏季管理最主要的问题是浇水和保持空气湿度。当夏季酷暑气温急剧升高时,既要保证降温和充足的水分,又要避免湿度过大引起不良后果。

④秋季:进入秋天后,荚果蕨的生长速度开始变慢,水分的需求也日益减少,施肥也将减少或停止。不要过多修剪枯老叶片,因为老叶覆盖在植株周围有保湿作用。在亚热带地区,由于生长期较长,秋季仍可以施肥浇水。

## ☞ 249. 如何防治荚果蕨常见病害?

荚果蕨的常见病害是灰霉病,为真菌性病害,主要危害茎和叶,病菌以菌丝体和分生孢子在病组织内越冬,也可以菌核在土壤中越冬,受害部分先出现水渍状斑块,后变褐腐烂。病情严重时，整个植株黄化、枯死。在潮湿条件下，病部形成灰褐色霉层，相对湿度 90%以上的条件最利于发病。

防治方法

①降低田间湿度，保持温度在 20℃以上。

②及时清除病残体，集中烧毁。

③施足底肥，适当增施磷钾肥，控制氮肥用量。

④药剂防治：发病初期，50%扑海因可湿性粉剂 1 500 倍液，或 70%甲基托布津可湿性粉剂 800～1 000 倍液，或 50%多菌灵可湿性粉剂 1 000 倍液，或 65%甲霜灵可湿性粉剂 1 500 倍液喷雾，每周 1 次，连续 3 或 4 次。在温室大棚内使用烟剂和粉尘剂的效果最好，用 10%速克灵烟剂熏烟，每 667 $m^2$ 用药 200～250 g，或 45%百菌清烟剂，每 667 $m^2$ 用药 250 g，于傍晚分几处点燃后，封闭大棚或温室，过夜即可。也可用 5%百菌清粉尘剂，每 667 $m^2$ 用药粉 1 000 g，烟剂和粉尘剂每 7～10 天用 1 次，连续 2 或 3 次。

## 250. 如何防治荚果蕨常见虫害？

荚果蕨的常见虫害是鼠妇，别名为西瓜虫。取食幼嫩新根，以及危害地上部分的嫩叶和嫩茎、根部。茎秆被咬成大小不同的孔洞。鼠妇不耐干旱，受到外物机械刺激时，身体蜷缩呈球形，呈假死状，其再生能力很强。

防治方法

①避免施用未腐熟的有机肥。

②药剂防治：可喷 25%爱卡士乳油 1 500 倍液，或 20%虫死净可湿性粉剂 2 000 倍液于地面及植株上；或每

667 $m^2$ 用5%辛硫磷颗粒剂 3～5 kg，撒施于地面。

## ☞ 251. 荚果蕨采收的适宜时机是何时，注意事项有哪些？

荚果蕨采收一般以 4～6 月份为宜，但因我国地域辽阔，应根据各地气候特点和其生长情况，确定采收时间。采收过早，植株幼小，影响产量；过晚，植株老化，不能食用。一般荚果蕨嫩芽高 20～25 cm，羽状小叶苞尚未展开，即抱拳时采收为宜。阳坡、向阳处采收时间短，质量较差；阴坡，背阴处采收时间较长，质量好。

采收时保留新鲜部分，用手一根根折下，然后将折下的蕨菜基部在地上轻轻摩擦，使基部粘有泥土，轻轻放在底部垫有泥土的筐内，以防失水老化，并在筐内的最上面覆盖上一层青草，以防日晒。



## ☞ 252. 荚果蕨的膳食功效及营养成分是什么？

荚果蕨有清热解毒、化痰降气的功效。对于高血压、头痛失眠、慢性关节炎、流感等病症有治疗、防御的功能。

荚果蕨的营养成分较丰富，每 100 g 嫩叶中含脂肪 0.4 g，碳水化合物 12.5 g，蛋白质 1.4 g，粗纤维 1.1 g，维生素 C 32 mg，胡萝卜素 1.47 mg。此外，还含有部分微量元素，如钙、磷、铁、铜、锌等。

## ☞ 253. 怎样食用荚果蕨？

荚果蕨的食用部位为其嫩柄叶，即采摘出土 20 cm 左右肥嫩的柄叶。

将其去杂、洗净后用沸水焯一下，可与各种调味料、豆腐丝、胡萝卜、木耳、腐竹等拌凉菜；可与牛肉炖食，还可与鸡丝炒食；可作馅儿炸制成蕨菜卷。

## (二十)野韭

### 254. 野韭生长要求怎样的环境条件?

**(1)温度**

野韭(图 19)属于耐寒性蔬菜，对温度适应范围较广泛。发芽适温 15～18℃，从播种到第一片真叶显露需 15～20 天；幼苗期即第一片真叶显露到定植，适温为 12～24℃，需 40～80 天；营养生长期对温度适应范围较广，叶片可忍受－4℃的低温，地下根茎可耐－40℃的严寒，高寒地区也自然越冬。但野韭不耐高温，气温超过 25℃，生长缓慢，纤

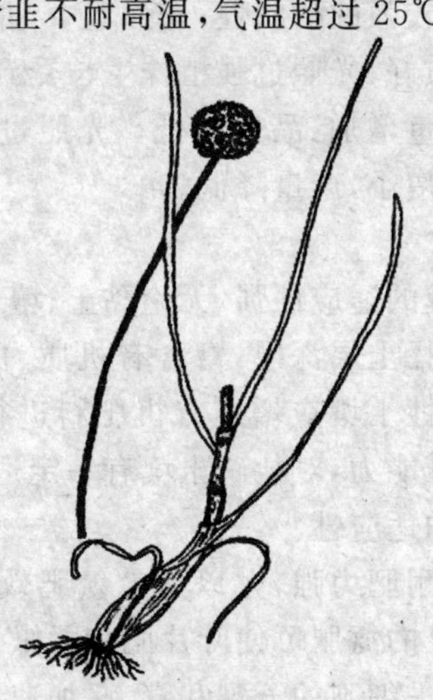

图 19 野韭

维增多，品质变劣。野韭叶生长以25℃为宜。

**(2)水分**

野韭叶耐旱，根喜湿，属半喜湿性蔬菜，决定了野韭生育期间要求较低的空气湿度和较高的土壤湿度。适宜的空气相对湿度为60%～70%，适宜的土壤湿度为田间最大持水量的80%～90%。野韭以嫩茎叶为产品，水分是决定产量和品质的主要因素。所以，在韭菜旺盛生长期，尤其是收割期应保证充足的水分，水分不足不仅长势减弱而且会造成减产，叶肉纤维增多而丧失柔嫩的特点。夏季高温多雨季节要减少浇水，注意排水防涝。田间积水不仅影响根系呼吸、抑制生长、引起植株生理失调、诱发病害，还会导致根系腐烂，引起植株死亡。

**(3)光照**

野韭属于长日照植物，在其生长发育期间要求中等强度的光照，具有较强的耐阴性；光强适中，韭叶生长快，纤维少，产量高，品质好；光照过强植株生长受到抑制，叶肉组织粗硬，纤维素含量增加，品质降低。光照过弱，叶片的同化作用减弱，叶片瘦小，产量降低。



**(4)土壤**

野韭对土壤的适应性强，无论黏土、壤土或沙壤土均可栽培，但最好选择土层深厚，富含有机质、保水保肥能力强的肥沃壤土，沙性土壤应增施有机肥料进行土壤改良。野韭有很强的耐碱能力，对盐碱土壤有一定适应能力，对贫瘠土壤也有一定的适应性。

野韭喜肥，耐肥力强，尤以速效氮肥效果最好，但磷钾肥应充足。充足的氮肥可使叶片肥大柔嫩，假茎粗壮，叶色鲜绿；钾肥可促进细胞的分裂和膨大，加速糖分的合成与运转；磷肥可促进植株对氮肥的吸收，提高产量及品质。若氮肥过量，磷钾肥不足，则叶片变薄，缺乏韧性，抗病性减弱。

## 255. 野韭的繁殖方式有哪些？

野韭可以采用有性繁殖和无性繁殖 2 种繁殖方法。

**(1)有性繁殖**

即用种子繁殖，该方法繁殖系数大，植株生长旺盛，生命力强。用种子繁殖可选用育苗移栽和直播 2 种形式。直播可节省劳动力，但用种量多，用地面积大，占地时间长，苗期管理不当，易发生草荒。在土壤或地下害虫严重的地区，容易出现缺苗断垄现象。育苗移栽可节省土地，培育壮苗，选苗定植、栽植密度一致，行株分明，便于田间管理和收割，但是较费工。

**(2)无性繁殖**

即株芽繁殖，在野韭的花序顶端可以产生小株芽。在夏季株芽成熟后，将株芽采下，按行距 10～12 cm，株距 3～5 cm，覆土厚 2～3 cm，浇足水，保持土壤湿润。

## 256. 种植野韭前应进行怎样的土壤准备？

由于野韭种子小，出苗缓慢和弓形出土的特点，播种前应选择旱能浇、涝能排的地块，并以沙质壤土为最佳。可在移植时保全根系，减少断根。野韭对前茬作物要求不严格，可选择茄果类、瓜类、豆类以及绿叶菜类作为前茬，但切忌与葱蒜类连作，以防治病虫感染。精耕细作是确保野韭全苗的关键措施。春季播种应在冬前耕地，临近播种时再进行浅耕，并结合耕地施入基肥，以提高土壤肥力。耕后细耙使土肥均匀，土壤细碎。畦的规格视当地土壤状况和水分状况而定。一般宜做成宽 1.6～1.7 m、长 8～10 m 的平畦。

野韭的浸种催芽：干籽直播或浸种催芽均可。应根据播种季节、土壤墒情、气温高低及降雨量和蒸发量的大小酌情采用。春播蒸发量小，气温较低，多用干籽直播的方式。初夏播种气温高，蒸发量大，为使种子乘墒萌芽出土，以浸种催芽后播种为宜。方法是在播种前 4～5 天把种子放入 30～40℃温水中搅拌，使水温降至 15～18℃，清除瘪籽，浸泡 24 h(中途换水 1 或 2 次)。出水时搓洗种子，稍晾干后用湿布包裹，放在 15～18℃的地方催芽，每天用清水淘洗，经 2～3 天胚根伸出，即可播种。

## 257. 怎样进行野韭的育苗播种？

野韭从土壤解冻到当地土壤结冻前 60～65 天可随时播种。夏至到立秋之间，天气炎热，阴雨连绵，不利于萌芽出土，而且秧苗生长细弱。因此春、秋播种为宜。北方春播的适宜时期为 3 月下旬至 5 月下旬。

播种方法可采用撒播和条播 2 种方式。撒播是将种子均匀播于畦内，该方法可使幼苗分布均匀，秧苗整齐一致；条播是将种子播于行距 10～12 cm，深 1.5～2 cm，宽 2 cm 的浅沟中，该方法会使幼苗分布不均，但便于管理。根据苗床内浇水的先后，又可分为干播和湿播 2 种。干播是先播种，覆土镇压后浇水。经 2～3 天再灌 1 次水，幼苗出土前保持畦面湿润，防止地表板结。湿播是先浇水而后播种，再覆 1 cm 左右的细土，湿播法可减少水分蒸发，提高低温，保持底墒，有利于幼苗出土，若畦面加盖地膜则效果更好。

野韭的种植密度的大小对培育壮苗具有重要影响，播种量过大，营养面积小，幼苗生长不良，易倒伏或烂秧；播种量小，浪费地力，且易生杂草，单位面积上苗数减少。为确定适宜的播种量，最好在播种前 20 天进行发芽试验，依据发芽率高低确定播种量。一般育苗苗床，每 667 $m^2$ 播种 4～6 kg，苗床面积与大田面积 1∶10，露地直播每 667 $m^2$ 需用种子 1.5～2 kg。



## ☞ 258. 怎样进行野韭的幼苗管理？

野韭从萌芽出土到幼苗株高 18～20 cm，具有 3 片真叶露出地面为幼苗期。从播种到出土所需的天数，取决于当时的地温。若地温低，播种后 20 天后才出苗，清明时播种需 12～15 天出土，夏初播种只需 6～7 天即可出苗。一般从播种到定植需 80～120 天，加强幼苗期的管理是培育大苗壮苗的关键。

**(1)前期促苗、后期蹲苗**

幼苗出土后要加强前期肥水管理，做到勤浇、轻浇。经常保持畦面湿润，并结合浇水每 667 $m^2$ 追施尿素 8～10 kg，加速幼苗生长，促进发根长叶。当秧苗长至 15 cm 左右高时，要适当控水蹲苗，防止幼苗细弱而引起倒伏烂秧。



**(2)清除杂草**

野韭萌芽出土和幼苗生长均较杂草缓慢，幼苗生长容易被杂草抑制。因此在野韭临近出土前应浅耕畦面，不仅可清除杂草，并有疏松地表促进出土的作用。随着野韭的生长，每隔 15～20 天中耕 1 次，及时除草。也可应用化学除草的方法，播种前喷洒除草剂。

**(3)轻浇、勤浇、加强肥水管理**

野韭苗期水分管理取决于育苗季节土壤性质和播种方法。热季育苗：沙性土壤、干播方法应适当增加浇水量。总的原则是浇水不宜过大，掌握轻浇和适当勤浇的方法，灌水过多容易引起幼苗徒长，畦面忽干忽湿易导致幼苗枯干和死亡。为促进幼苗生长，结合灌水追肥 2 或 3 次，每次每 667 $m^2$ 施尿素 8～10 kg。



## 259. 怎样进行野韭的定植？

野韭 18～20 cm 时是定植的适宜苗龄。定植前结合土壤耕翻施入基肥，每 667 $m^2$ 施入腐熟的农家肥料 5 000～7 500 kg。土肥混合后整地做畦，沟栽的按预定行距开沟定植。定植秧苗的大小及种植密度对产量的影响较大，因此定植时应选秧苗粗壮、根系发达的植株，缓苗快，长势强，进入旺盛生长期所需时间短。野韭适宜的栽植密度是提高产量的关键，一般行距 15～20 cm，株距 3～5 cm 为宜。

## 260. 怎样进行野韭的田间管理？



**(1)浇水追肥**

春播野韭定植时逢热季、蒸发量大，应及时浇定植水促进缓苗。新叶长出后浇缓苗水促进发根长叶，而后中耕蹲苗，雨季排水防涝，防止烂根死秧。入秋后天气转凉，气温一般在 14～24℃，日照充足，是野韭最适于生长的条件，也是肥水管理的关键时期。应追肥浇水促进叶部生长，为小鳞茎的膨大和根系生长奠定物质基础。一般每隔 7～10 天浇水 1 次，并结合追肥 2 或 3 次，每 667 $m^2$ 施尿素 10～15 kg。

**(2)中耕除草**

野韭田易发生草荒，尤其在高温雨季易滋生杂草，且生长旺盛，争夺阳光地力，严重影响野韭的生长。一般在蹲苗前中耕 1 次，中耕深度 2～4 cm，雨季连续中耕 2 或 3 次，及时清除田间杂草。

## 261. 如何防治野韭常见病害?

野韭的常见病害为紫斑病，真菌性病害，主要危害叶片和花梗。病菌以菌丝体在寄主体内和种苗上越冬，或以分生孢子附着在病残体上越冬。发病初期病斑小，呈灰色至淡褐色，中央微紫色，其上有黑色煤污点状物。病斑很快扩大为椭圆形或纺锤形，凹陷，暗紫色，常形成同心轮纹。环境条件适宜时，引起外叶大量枯死。病斑常扩大到全叶，或绕花梗1周，使花梗和叶倒折。在春秋多雨、气温较低的年份发病多。一般在温暖多湿，尤其是连阴雨后，肥料不足、生长不良的情况下发病重。

防治方法

①多施有机肥，增强植株生长势。

②适时收获，低温储藏，防治病害在储藏期继续蔓延。

③实行2年以上轮作。

④选用无病种子，并进行种子消毒，可用40%甲醛300倍液浸种3 h，而后用清水冲洗。

⑤药剂防治：发病初期喷洒75%百菌清可湿性粉剂500倍液，或70%代森锰锌可湿性粉剂500倍液，或40%灭菌丹可湿性粉剂400倍液，或64%杀毒矾可湿性粉剂500倍液，或58%甲霜灵锰锌可湿性粉剂500倍液，每7天喷1次，连续3或4次。

## 262. 如何防治野韭常见虫害?

野韭的常见虫害为斑潜蝇，幼虫在叶组织中蛀食成隧道，呈曲线状或乱麻状。成虫活泼，飞翔于植株中或栖息于叶尖端；幼虫在叶组织的隧道内能自由进退。华北地区7～8月份盛发，直至9～10月份尚能继续危害，成熟幼虫在隧道内化蛹。

防治方法

在成虫盛发期喷洒灭杀毙6 000倍液；在幼虫危害期喷洒25%辛硫磷乳油1 000倍液，或2.5%菜蝇杀乳油1 500～2 000倍液，或20%多灭威2 000～2 500倍液，在收割前半个月停止用药。



## 263. 野韭的膳食功效及营养成分是什么？

野韭可健胃、提神、止汗固涩，对于胃炎、神经衰弱等症有较好疗效。

每100 g嫩茎叶含有蛋白质1.3 g，脂肪0.3 g，糖类1.5 g，钙33 mg，铁1.3 mg，胡萝卜素1.56 mg。此外，还含有维生素$B_1$、维生素$B_2$、维生素PP、维生素C。



## 264. 怎样食用野韭？

一般食用野韭叶。

野韭可与鸡蛋、虾仁、绿豆芽、腊肉等炒食；可与肉馅、虾皮等作馅制成包子或饺子；还可排骨、羊排等煲汤。

# (二十一)马齿苋

## 265. 马齿苋有哪些别名？

马齿苋(图20)的别名有长命菜、长寿菜、蚂蚁菜。

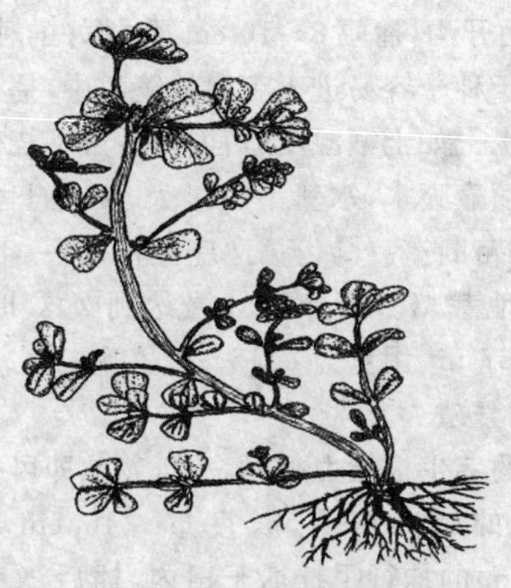

图 20 马齿苋

## 266. 马齿苋生长要求怎样的环境条件?

马齿苋耐旱、耐涝、耐阴、耐光照、耐热,喜肥水,适应性强,但不耐寒,生长适温为 23～27℃,在空气较干燥、土壤湿润的环境中生长旺盛。对光照不严格,强光、弱光下都能生长良好,遇连阴雨天气易徒长,光照太强易老化。马齿苋喜湿,以向阳肥沃的壤土或沙壤土栽培为好。生长期重施氮肥,钾肥次之。马齿苋抗病力强,生长势旺。



## 267. 马齿苋的繁殖方式有哪些?

马齿苋主要有种子繁殖、扦插繁殖等 2 种繁殖方式。

**(1)种子繁殖**

马齿苋一般采用直播方式,但是要想提早上市也可在温室育苗,待外界湿度合适后再定植于大田。马齿苋的种子细小,播种时为避免播种密度过大,可先将种子与其自身重 100 倍的细沙混匀后再进行播种。先在整好的畦内按

30 cm 的行距开沟，播幅 8～10 cm，将拌好的种子均匀地撒入沟内。由于种子容易进入土壤的缝隙中，播后轻踏即可，无需特别覆土。如土壤湿度适宜，播后可不浇水，如土壤较干燥则可用喷壶喷水，水量不宜过大，以免土壤板结，造成出苗困难，缺苗断垄。马齿苋适应性较强，一年四季均可在露地或保护地栽培。当外界气温达到 20℃时，可随时播种，一般每 667 $m^2$ 用量为 0.15～0.20 kg。

**(2)扦插繁殖**

马齿苋的茎生根能力很强，一旦着地即可生根。因此，可将马齿苋的嫩茎摘下，长度 5～10 cm 即可。按照 10 cm×15 cm 的株行距扦插于田内，插后浇水，保持土壤湿润，在光照较强的季节应适当进行遮阳，以减少蒸腾促进缓苗，在适宜的温湿度条件下，一般 7 天左右即可长出新根，旺盛生长。



## ☞ 268. 种植马齿苋前应进行怎样的土壤准备?

马齿苋的栽培田应选在地势平坦、排灌水方便的地块。前茬作物收获后，清除残留作物及田间杂草，进行翻地晒土。一般深翻土地 20～30 cm。在翻地前，先撒腐熟的有机肥，每 667 $m^2$ 施 2 000 kg。在翻地的同时，将肥料与土壤混匀，整地耙平，做成宽 1.3～1.5 m 的平畦。使畦面达到平、松、软、细的要求，然后造墒播种。

## ☞ 269. 怎样进行马齿苋的田间管理?

马齿苋的适应性较强，作为一种野菜，在最基本的生长条件具备后即可生长。栽培时为了提高产品的产量及品质，在进入生长旺盛期后，应适时追施一些速效氮肥。一般每月随水追肥 1 次，每 667 $m^2$ 施尿素 15～20 kg。特别是在采摘后，更应加强肥水管理，以促进新枝的发生。因为马齿苋的耐旱能力很强，一般情况下不用浇水，只在施肥施或特别干旱时进行浇水。为使其尽快缓苗生长，可在播种后、出苗前期或定植初期进行适当的中耕除草。一旦进入旺盛生长期，便可不必进行中耕除草，其他杂草也很难生存，而且几乎不受病虫危害。

马齿苋只在开花前才能保持其鲜嫩，新长出的小叶是最佳的食用部位，所以在早春未开花前可采食其全部的茎叶食用。进入现蕾期以后，若不留种，应及时摘除顶尖及花蕾，抑制其生殖生长，促进营养生长。这样即可连续采收新长出的嫩茎叶，直到霜冻地上部分生长能力减弱并开始枯死时停止采收。应特别注意作为菜用的马齿苋不可让其开花，一旦开花，便停止生长，茎叶也随之变老。为保持其品质和产量，应把顶端现蕾部分摘掉，促进其长出新的分枝。



马齿苋具有野生性，如不加以控制则会无限制地蔓延开来，变成杂草。所以，每年春天马齿苋长出以后，应细心检查种植畦块周围的地方，如发现马齿苋幼苗应完全彻底拔除，以免危害其他作物。

## ☞ 270. 如何防治马齿苋常见病害?

马齿苋的常见病害为叶斑病，真菌性病害，主要危害叶片。以菌丝体和分生孢子丛在病残体上越冬。受侵染叶片初期表面生有针尖大小褪绿或浅褐色小斑点，边缘有褐色线形隆起。发病后期，在潮湿的条件下会长出灰色霉状物。

防治方法

①及时清洁田园卫生，将病残体带出田外进行烧毁。

②合理肥水，及时清除田间积水，避免偏施氮肥，保证植株长势健壮。

③药剂防治：发病初期开始喷 75%多菌灵可湿性粉剂 600～800 倍液，或 50%百菌清可湿性粉剂 800 倍液等，每 10～15 天喷 1 次，连续 2 或 3 次。采收前 7 天停止用药。

## ☞ 271. 如何防治马齿苋常见虫害？

马齿苋的常见虫害为蜗牛，俗称蜒蚰螺、水牛等。蜗牛食性很杂，幼卵、幼贝食量较小，仅食叶肉，留下表皮。成贝以齿舌刮食叶茎，造成空洞或缺刻，严重者咬断幼苗，造成缺苗断垄。蜗牛以成贝或幼贝在菜田、灌木丛及作物根部、草堆、石块下及房屋前后等潮湿阴暗处越冬。蜗牛的发生与雨量有很大关系，若前一年 9～10 月份雨量较大，第二年春季雨量多且温度较高，则春季会大发生。

防治方法

①地膜覆盖。

②及时清理残株，铲除田间、地头、沟边等处的杂草。及时中耕，排除积水等措施，借以破坏蜗牛的栖息和产卵场所。

③进行秋季或初冬深翻地，使部分蜗牛暴露在地面冻死或被天敌啄食，卵被晒爆裂。

④利用树叶、杂草、菜叶等在菜田做成诱集堆，天亮后集中捕捉。雨后天晴除草、松土、捕杀部分蜗牛。

⑤利用天敌进行捕杀，蜗牛的天敌有步甲、沼蝇、蛙、蜥蜴等。

⑥药剂防治：在沟边、地头或作物间撒生石灰，每667 $m^2$用5～7.5 kg生石灰粉或茶枯粉3～5 kg，撒在作物附近，可防止蜗牛进入危害。用蜗牛敌配成有效成分2.5%～6%的豆饼或玉米粉等毒饵，与傍晚施于田间垄上进行诱杀，或用8%灭蛭灵颗粒，每667 $m^2$ 用2 kg撒于田间。清晨在蜗牛未潜入土中时，用灭蛭灵800～1 000倍液，或硫酸铜800～1 000倍液，或1%食盐水喷洒消灭蜗牛。

## ☞ 272. 怎样进行马齿苋的采收？

马齿苋以其嫩茎叶为产品器官，进入旺盛生长期后可随时进行采收。可随时采其嫩茎叶，也可将其基部留2或3节割收，所留节位的腋芽又可长大，可陆续采收。

## ☞ 273. 马齿苋的膳食功效及营养成分是什么？

马齿苋有清热解毒、抗菌痢、消积滞、凉血、利尿通淋的作用，是治疗痢疾、肠炎、传染性肝炎、结核、咳嗽等症的食疗佳品。

每100 g嫩茎叶含有蛋白质1.8 g，脂肪0.7 g，糖类2.6 g，粗纤维0.7 g，钙79 mg，铁1.3 mg，胡萝卜素2.09 mg，维生素 $B_1$ 0.05 mg，维生素 $B_2$ 0.11 mg，维生素PP 0.4 mg，维生素C 23 mg。

## ☞ 274. 怎样食用马齿苋？

马齿苋的食用部位为其嫩茎叶。

其食用方法多种多样，可制茶；与白糖制成马齿苋蜜饯;可与水发腐竹、熟火腿等拌凉菜;可与大米、荠菜、田螺、槟榔等煮粥;可与猪肉、绿豆、芡实、塘葛菜、鱼尾等煲汤;还可与鸡蛋、里脊等炒食。

注意:马齿苋为寒凉之物,脾胃虚弱、大便泄泻者及孕妇忌食;忌与胡椒、蕨粉、鳖甲同食。

## (二十二)野黄花菜

### ☞ 275. 野黄花菜有哪些别名?

野黄花菜(图 21)的别名有金针菜、绿葱根、野皮菜。

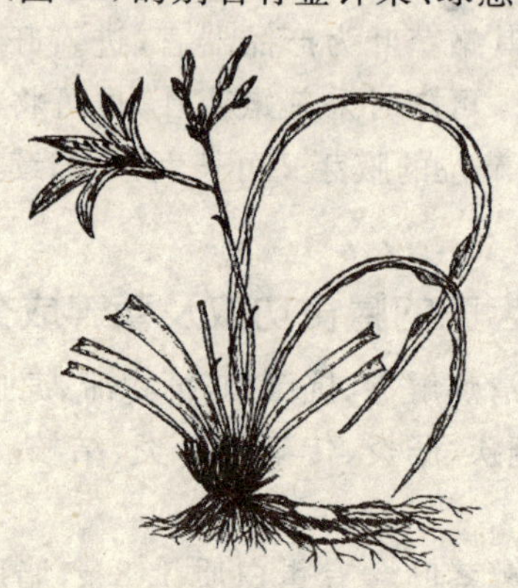

图 21 野黄花菜

### ☞ 276. 野黄花菜生长要求怎样的环境条件?

**(1)温度**

野黄花菜的地上部分不耐寒,遇霜枯萎。但其短缩茎和根可耐－10℃低温,在严寒地区也能在土壤中安全过冬。叶丛生长适温为14～20℃。抽薹和开花期间在高温和昼夜温差大的条件下，则植株生长旺盛，抽薹粗壮，发生花蕾多。

**（2）水分**

植株根系发达，并含有较多的肉质根，故其耐旱力颇强。抽薹前需水量较小，抽薹后要求土壤湿润，尤以盛花期需水量大，此时供水充足则花蕾多发生，发育速度快，形成肥大的花蕾，花蕾开放时间较早。如早期干旱常使小花蕾不能正常发育而引起脱落，以至于其采收期缩短且产量降低，品质变差。反之，如果田间积水则会严重妨碍根系的生长，造成烂根。

**（3）光照**

野黄花菜对光照强度的适应范围较广，半阴地也可进行栽培。但以阳光充足的地块，植株长势更旺。盛花期强日照，则形成的花蕾多而肥大，花期遇连阴雨天容易脱蕾。

**（4）土壤营养**

野黄花菜对土壤要求不严格，从酸性的红黄壤土到弱碱性的土壤均可生长。但土质疏松、土层深厚的地块利于其根系旺盛发育。栽培时应深翻地，多施有机肥。不宜多施氮肥，防止叶片徒长，可适当施用硼肥。

## ☞ 277. 野黄花菜的繁殖方式有哪些？

野黄花菜可通过分株繁殖、分芽繁殖和种子繁殖。分株繁殖不需要育苗，但用种苗量较大，远途调运不方便。种子繁殖可就地培育大量种苗，适于大面积栽培，而且实生苗长势强，栽培容易，但进入盛花期所需时间较分株繁殖长一些。

**（1）分株繁殖**

分株有2种方法：一种是将母株丛全部挖出，重新分栽;另一种是从母株一侧挖出一部分(1/3 或 1/2)植株作苗,留下的继续生长。母株挖出后,抖去泥土,并一株一株分开,剪去根茎下部 2～3 年的老根、朽根和病根,过长的根也应剪去,每分一株留一年生根 7～8 条,留约 10 cm,扒去根茎四周的黄褐色衣毛,露出主侧芽后栽植。分株繁殖一年四季均可进行,但以春、秋为最好。但是分株法的繁殖系数低,不能满足大面积生产的需要。

**(2)分芽繁殖**

野黄花菜每个多年生的根茎上,都生有许多个乳状突起的隐芽簇,每个隐芽簇又有 6 个潜伏芽,隐芽簇交替排列在根状茎的两侧,一般不萌发。只有当该萌蘖上的主侧芽受到损伤时,一个或几个潜伏芽即可萌动发育成新株,年限短的隐芽簇生命力强,一般优先发育。因此利用根状茎的这一特征,按照隐芽簇的分布切开,每个芽都能萌发出新苗,可有效提高繁殖系数。

分芽方法是:利用刀从顶芽和侧芽连接处呈 45°角斜切,将顶芽和 2 个侧芽分切成 3 块,下端根茎再纵切开,带根的大芽块可直接栽到田间,小芽块可集中培育在苗床内。



**(3)种子繁殖**

选无病虫害的健壮植株,在盛花期每个花茎上留 3～5 个粗壮的花蕾,让其开花结果,待蒴果顶端稍裂口时,摘下脱粒。苗床播种用平畦条播,行距 20～23 cm,沟深 1～3 cm,株距 1～2 cm。播种前用 25～30℃的温水浸种 2 天,在 25℃适宜温度下 6～19 天出苗,但侧根尚未长出,吸收力较差,应加强保墒管理,要适时浇水保持土壤湿润,长出 2 或 3 片真叶后,侧根大量发生,此时应进行中耕松土,追施稀肥水,促进生长。此外,也可用幼嫩叶片、花丝和花薹等器官进行组织培养发育成栽植苗。

## ☞ 278. 怎样进行野黄花菜的栽植?

土地施足基肥后深翻 20～30 cm 做平畦,3 月中下旬至 4 月上旬野黄花菜发芽前栽植。经不同方式育成的秧苗,可按宽、窄行栽植,宽行行宽 0.8～1.0 m,窄行行宽 0.5～0.6 m,穴距 30～40 cm,每穴栽种 2～4 株或 5～6 株,也可按(40～50) cm×(30～40) cm 单株密植。栽植密度大或穴内株数过多,分蘖增加快,花茎多,产量高,但寿命短,需更新快。挖深 15～20 cm 的穴,穴内施有机肥和磷钾肥,肥土混匀,栽植深度 10～17 cm,埋土到秧苗顶芽上面 3 cm。栽植过深,分蘖发生慢,进入盛产期晚;栽植过浅,虽能提早进入盛产期,但因根系入土不深,植株矮小,容易早衰。

## ☞ 279. 怎样进行野黄花菜的田间管理?

每年春季出苗前进行第一次中耕,把冬季培的肥土打碎耙平,在行间耕、锄深约 13 cm,并施一次速效肥料,促使春苗粗壮整齐,称催苗肥。抽薹前行间进行深 6～7 cm 浅中耕,并施第二次速效追肥,促使抽薹粗壮,分枝多,早现蕾,称催薹肥。在采收旺盛期施速效追肥,可使后期多发花蕾,减少脱落,延长采摘期,称催蕾肥。每次追肥以速效氮肥为主,配合磷、钾肥,不可偏施氮肥,以免叶丛过嫩引起病害。

在抽薹和采摘花蕾期间,若遇干旱会引起落蕾,应及时灌水,可使花数增多,花蕾增大,花期延长,提高产量,喷浓度为 1 mg/L 的 2,4-D,可防止落蕾,在山坡地最好引水沟灌或采用高压喷灌。

秋季花蕾采收完毕,立即拔掉枯薹和割除老叶,在行间进行一次翻耕要深达 30 cm 以上,土块暂不打碎,任其日晒雨淋促进风化。由于在花蕾采摘期内土壤被踏实，深翻可使土壤疏松，改善通气性和提高保水保肥力，深翻后在冬苗未抽生前每 667 $m^2$ 施 150～200 kg 粪肥，促使早发秧苗，并使其生长旺盛，对第二年产量影响很大。

## ☞ 280. 如何防治野黄花菜常见病害？

野黄花菜的常见病害为叶枯病，真菌性病害。病菌在病残体上越冬。发病多从叶尖或叶缘开始，初期叶片出现黄褐色或灰褐色斑，病健交界处为深褐色，后期病斑上有许多小黑点。病情严重时，病斑连成大斑，使全叶枯死。花薹多在近地面处发病，致使花薹死亡。5～6 月份发病，夏季高温干旱，秋季发病严重。

防治方法

①加强管理，合理施肥，注意通风透光，及时清除病残体，减少侵染来源。

②药剂防治：发病初期喷 50%代森锰锌可湿性粉剂 600 倍液或 50%退菌特可湿性粉剂，每 10 天左右喷 1 次，连续 2 或 3 次。

## ☞ 281. 如何防治野黄花菜常见虫害？

野黄花菜的常见虫害为金针虫，是叩头虫幼虫的总称。在地下咬断幼苗的根、茎。金针虫的蛀孔细小，能蛀入到深处危害。除了危害地下根状茎外，还可危害寄主的根、茎。危害轻时，可使寄主的根系受到损伤，吸收功能降低。全年中，以春季发生最为严重。以各龄幼虫及成虫在 30 cm 左右深土层下越冬。成虫昼伏夜出，雄虫活泼，对黑光灯有强的趋性。

防治方法

①农业防治：秋季或春季深翻地，可将一部分成虫或幼虫翻至地表，使其冻死、风干或被天敌捕食、寄生以及机械杀伤。多施腐熟的有机肥料，促进植株根系健壮发育，增强抗病虫性。施用含氨肥料后，能散发出有刺激性的氨气，对害虫有一定的驱避作用。

②药剂防治：在成虫盛发期，用90%敌百虫800～1 000倍液喷雾，或用90%敌百虫按每667 $m^2$ 用药100～150 g，加入少量水后拌细土15～20 kg制成毒土，撒于地面，再结合耙地，使毒土与土壤混合。用50%辛硫磷乳油拌种可消灭幼虫，用药、水、种子的比例为1∶50∶600，闷种3～4 h。中间翻动1或2次，待种子把药液吸干后播种。播种时，播种沟内撒毒土也可消灭幼虫。在金针虫大发生时，可用90%敌百虫500倍液，或50%辛硫磷乳油800倍液，或25%西维因可湿性粉剂800倍液灌根，每株灌150～250 g。

③在成虫盛发期，每30 000 $m^2$ 用40 W黑光灯1盏进行诱杀。

④人工捕杀。

## 282. 进行野黄花菜的采收什么时候最适宜？

野黄花菜一般6月中下旬开始采收花蕾，适于采收的花蕾一般是生长充分而饱满、尚未绽开、色黄绿、花苞上的纵沟明显、蕾尖紫色斑已退，约在开蕾前2 h采摘，一般早晨开始采摘，10时前收完。

## 283. 野黄花菜的膳食功效及营养成分是什么？

多食用野黄花菜嫩苗，也可食用其花朵。

野黄花菜的嫩苗可与韭黄、猪肉丝等炒食；可与鸡、萝卜、羊肉等炖盅；也可与鸡蛋一同煎食。

### ☞ 284. 怎样食用野黄花菜？

野黄花菜有利于健脑、抗衰、解忧等功效。对于风湿性关节炎、痢疾、食欲不振、营养不良等有食疗作用。

野黄花菜中含有谷氨酸、精氨酸、赖氨酸、天门冬素、秋水仙素等物质。

## (二十三)费菜

### ☞ 285. 费菜有哪些别名？

费菜(图 22)又叫八仙草、血山草。

图 22　费菜

## 286. 费菜生长要求怎样的环境条件?

费菜喜温暖、向阳的环境。生长适宜温度 20～28℃，不耐寒。对土壤适应力强，以肥沃、疏松的夹沙土栽种最好，不宜在黏重的地区栽培。耐干旱，土壤湿度过大，容易造成烂根。

## 287. 费菜的一般繁殖方式及操作时的注意事项有哪些?

费菜采用分根繁殖方法。一般于春季萌芽前，在 3 月中旬至 4 月初进行种植。头一年选择生长健壮、无病虫害的植株或生长良好、病虫害发生少的种植田标记。待春天将其母株挖出，选择无病害、无损伤的根坨，根据老坨的大小和花苞的生长情况，分切成数个小坨。每个小坨留有芽苞 2 或 3 个，宜随挖随栽，以免在空气中暴露时间过长，根尖及芽苞失水萎蔫，成活率降低。

在整好的畦面上，按行株距 35 cm 挖穴，穴深一般 5～8 cm。先浇水，每穴浇水 1.5～2 L。将小蔸放于穴内，每穴放一蔸，然后填土压紧，经常保持土壤湿润，10～15 天即可萌生新芽。

## 288. 种植费菜前应进行怎样的土壤准备?

费菜喜温暖、耐寒、耐旱，对土壤要求不严格。但怕涝、低洼地不宜种植。因此，费菜的栽培田应选在排水良好、向阳、肥沃、疏松的沙壤土中栽种为好。不宜连作，在前茬作物收获后先清除田间残株杂草，然后每 667 $m^2$ 均匀撒入厩肥或堆肥 1 500～2 000 kg。使肥料与土壤充分混合，避免有粪块存在，以免烧苗，深耕 20～25 cm，然后整细耙平，做成宽 1.2 m 的栽培畦。

## 289. 怎样进行费菜的肥水管理?

费菜定植时，应浇足底水，以促进萌发。4 月下旬植株进入旺盛生长期，开始进行追肥，一般每 667 $m^2$ 追施硫酸铵 7 kg；5 月中旬每 667 $m^2$ 追施过磷酸钙 15 kg、尿素 10 kg，并同时进行浇水。夏季采收嫩茎叶，采收后追施氮肥各 1 次，以促进新枝的萌发和生长；秋后再进行 1 次采收，采收后追施厩肥和堆肥，以增加土壤肥力保证根条安全越冬。

## 290. 如何防治费菜常见虫害?

费菜的常见虫害为地老虎，俗名地蚕、切根虫、土蚕等，为多食性害虫，以幼虫危害蔬菜幼苗，将幼苗从茎基部咬断，或咬食块茎。

防治方法

①田间管理：早春及时铲除杂草，集中带到田外烧毁；秋翻或冬翻地并冬灌，杀死部分越冬幼虫或蛹；春季耙地，消灭地面上的卵粒。

②人工捕捉：发现断苗后，在清晨拨开断苗附近的表土可捉到幼虫。

③诱杀成虫：利用糖醋液或黑光灯在田间诱杀成虫，春季利用芝麻、苜蓿等幼苗诱集成虫产卵，集中处理。

④诱杀幼虫：利用泡水的鲜泡桐叶每 667 $m^2$ 50～70 张，傍晚放于田间诱捕幼虫，或 30～40 kg 均碎的鲜草加

90%敌百虫 50 g 加少量水，傍晚撒于田间诱杀幼虫。

⑤药剂防治：对 3 龄前的幼虫，每 667 $m^2$ 用 2.5%敌百虫粉剂 1.5～2 kg；或 80%敌百虫可湿性粉剂 1 000 倍液，或 50%辛硫磷乳油 800 倍液进行地面喷雾。对虫龄较大时，可用 50%辛硫磷乳油 1 000～1 500 倍液进行灌根。



### ☞ 291. 费菜采收的时机及注意事项有哪些?

费菜种植 1～2 年后，只在秋季进行采收，采收时将其嫩茎叶剪下，留 1 或 2 节，以便萌生新枝。种植 3～4 年后，可于夏、秋两季进行采收。采收后加强肥水管理，以促进继续生长。

### ☞ 292. 费菜的膳食功效及营养成分是什么?

费菜有活血、止血、安神等作用。

每 100 g 可食部分含胡萝卜素 2.56 mg、维生素$B_2$ 0.3 mg。



### ☞ 293. 怎样食用费菜?

于春季采摘费菜嫩茎叶。

费菜可生食蘸酱；可与腊肉、鸡蛋等炒食；与鱿鱼、胡萝卜、木耳等煲汤。

## (二十四)小胡麻菜

### ☞ 294. 小胡麻菜有哪些别名?

小胡麻菜(图 23)又叫益母草、野天麻、田芝麻棵、油耙菜。

图 23　小胡麻菜

## 295. 小胡麻菜生长要求怎样的环境条件？

小胡麻菜喜冷凉、湿润的环境，耐寒性较强，−7～−5℃不致冻坏，生长适温为 15～22℃。对土壤要求不严格，以肥沃、排水良好的沙质壤土栽培为好，多生长在荒野、草原、山坡及路旁等温暖湿润处。

## 296. 小胡麻菜的繁殖方式有哪些？

小胡麻菜采用种子繁殖。种子发芽率可达 90%。在温度 18～21℃，有足够湿度时，播种后 7～10 天可出苗。小胡麻菜可直播，也可育苗移栽。

## 297. 小胡麻菜的栽培方式有哪些？

小胡麻菜有直播和育苗移栽 2 种栽培方式。

**(1)直播**

直播一般为春播,北方在4月中旬即可播种。在平整好的畦内,按行距30 cm开横沟,深2～3 cm,将种子均匀撒入沟内覆薄土并稍加压实,也可按行距20 cm,株距10～15 cm进行穴播,播后及时浇水,每667 $m^2$播种量为2.5～3 kg。条播在苗高15 cm左右时,按10～15 cm的株距定苗,多余的幼苗可用来移栽。直播小胡麻菜生长快,收获早,产量高,并可节省人工。

**(2)育苗移栽**

育苗:在干旱地区没有灌溉条件,或种子缺乏时采用育苗移栽方式。育苗的苗床应选向阳温暖的地方,床土应施足量的厩肥或堆肥,并施适量的过磷酸钙。南方地区可施适量的草木灰,将床面整平。4月上、中旬播种。播前,在苗床上浇1次透水,待水渗进后,将种子匀撒在床面,覆土2～3 cm,稍加压实,以后经常保持床土湿润,也可以覆地膜防止地面板结,7～8天可以出苗,齐苗后间去过密的幼苗,并经常除草,适时浇水。苗高15～18 cm时,6月上中旬移栽到种植田。

定植:小胡麻菜幼苗定植应选阴雨天或下午进行。按20～30 cm的行距开沟,深10～15 cm,排列在沟的一侧,然后覆土压实。随即顺沟浇水,温度低时也可先顺沟浇水再摆苗,覆土压实。1～2天后松土保墒,干旱时浇水2或3次即可成活。小胡麻菜缓苗后可减少浇水次数,进行蹲苗,防止幼苗徒长,促进根系生长,培养壮苗。

## ☞ 298. 种植小胡麻菜前应进行怎样的土壤准备?

小胡麻菜对气候适应性强,对土壤要求不严,在排水良好的沙质壤土、壤土、黏壤土上，均能生长。在肥沃的土壤上栽培，生长良好。前茬以小麦、蔬菜为好，也可在果树幼林下间作。栽培田选好后，需要深翻晒土，同时每 667 $m^2$ 施腐熟有机肥 2 000～4 000 kg、尿素 30 kg 作为基肥，与土壤混匀，整细耙平，做成宽 1.3 m 的平畦，若土壤干旱可先浇水造墒，保持土壤湿润。

## ☞ 299. 怎样进行小胡麻菜栽植后的肥水管理?

小胡麻菜出苗期或生长前期，幼苗生长较缓慢，应及时进行中耕除草，防止杂草抑制幼苗生长。不论育苗或直播，在苗高 33 cm 以上时进行追肥，每 667 $m^2$ 施人粪尿 1 000～1 500 kg 或硫酸氨 7.5 kg，过磷酸钙 10 kg，于行间开沟施入，或均匀撒入行间，然后培土、松土，将肥料埋好。孕蕾期根据土壤湿度情况，酌情浇水 1 或 2 次，雨后应及时排水，植株长大封垄后，不再进行管理。



## ☞ 300. 如何防治小胡麻菜常见病害?

小胡麻菜的常见病害为锈病，真菌性病害，主要危害叶片、叶柄。病菌以菌丝体和冬孢子堆在活体寄主上存活越冬。初期在叶片两面散生或沿叶脉出现黄色圆形或椭圆形小疱斑，稍隆起，即为锈孢子堆。后期疱斑破裂，散出鲜黄色粉状物即锈孢子，严重时病斑密布。叶面正面或背面覆盖一层鲜黄色粉状物，在鲜黄色疱斑上或其周围出现棕褐色至黑褐色小疱斑，即夏孢子堆。在生长后期生出暗褐色疱斑，即冬孢子堆，内含大量冬孢子。温暖高湿、雾大露重的天气利于发病。

防治方法

①避免偏施氮肥。

②定植后喷增产菌，每 667 $m^2$ 用 30～50 mL，可促进植物生长。

③药剂防治：发病初期喷 25％三唑酮可湿性粉剂 1 500～2 000 倍液，或 50％硫黄悬浮剂 300 倍液，或 30％固体石硫合剂 150 倍液，或 40％多硫悬浮剂 600 倍液。每 10 天左右喷 1 次，连续 2 或 3 次，采收前 7 天停止用药。

## 301. 如何防治小胡麻菜常见虫害？

小胡麻菜的常见虫害为黄条跳甲，又名黄条跳蚤、土跳蚤等，为寡食性害虫，成虫和幼虫均能危害。成虫咬食叶片，造成许多小孔。尤其是幼嫩的部分，常致使幼苗停止生长，甚至整株死亡。种株的花蕾和幼荚也可受害，幼虫危害根部，将根表皮蛀成许多弯曲的虫道，咬断须根，使地上部分发黄萎蔫而死。此外，成虫和幼虫造成的伤口，易传播软腐病。成虫在残株落叶、杂草及土缝中过冬。

防治方法

①尽量避免与十字花科蔬菜连作。

②收获后清除田间残株落叶及杂草，集中深埋或烧毁。

③秋季深耕可消灭越冬成虫。播种前深耕晒土，可改变幼虫的生活环境，并有灭蛹的作用。

④药剂防治：在幼龄期喷施苏云金杆菌 500～1 000 倍液，或 BT 乳剂每 667 $m^2$ 用 100 g，或灭幼脲 1 号、3 号 500～1 000 倍液，或 90％敌百虫 1 000 倍液，或 50％辛硫

磷乳油 1 500～2 000 倍液，或 10.8%凯撒乳油 1 000～2 000倍液。发现幼虫危害时，可用药剂灌根。

## 302. 小胡麻菜采收的注意事项有哪些？

主要食用小胡麻菜幼嫩茎叶。待植株长至 30～40 cm 时，即可陆续进行采收。采收时可将大叶片剪下包装上市，也可将植株从其根部 5～10 cm 割下出售。留下部分萌生侧枝。小胡麻菜嫩茎叶可连续采收多次，每次采收后浇水 1 次，同时每 667 $m^2$ 追施复合肥 15 kg，促进其新枝发生和生长。

## 303. 小胡麻菜的膳食功效及营养成分是什么？

小胡麻菜有清热解毒、利尿消肿之功效，对于冠心病、高血脂病、痛经、月经不调、肾炎水肿等病症有良好的作用。

小胡麻菜营养非常丰富，嫩茎叶中含有蛋白质、碳水化合物、脂肪、维生素等物质。

## 304. 怎样食用小胡麻菜？

一般食用小胡麻菜嫩茎叶。

小胡麻菜的食用方法很多，可与红糖、山楂、茶叶等煮成茶饮；可与红糖熬制成小胡麻菜膏；可与黄豆沫煮成羹；可与熟猪肉、红枣、葱白、香附、鸡肉等煲汤；也可与大米、红糖煮粥。

## (二十四)歪头菜

### 305. 歪头菜生长要求怎样的环境条件?

歪头菜(图 24)喜冷凉湿润的环境条件。较耐寒,耐旱,生命力较强,但不耐暑热。以土层深厚、保水保肥力良好的微酸性到微碱性土壤为好。忌连作。

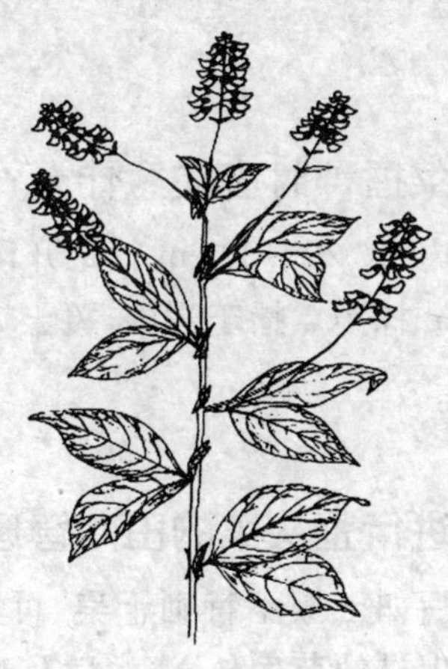

**图 24　歪头菜**

### 306. 种植歪头菜前应进行怎样的土壤准备?

春播歪头菜一般前茬为冬闲地,前茬作物收获后深耕一遍,第二年春季化冻后即开始精细整地。结合整地,每 667 $m^2$ 施入有机肥 2 000～2 500 kg,过磷酸钙 25～30 kg,钾肥 15～20 kg。若地力较差的地块,基肥中加适量氮肥以提供幼苗生长所需,将肥料均匀撒在地面,结合翻地与土壤混匀，做成宽 1.3 m 的平畦。

## 307. 怎样进行歪头菜的种子处理?

歪头菜属于豆类，一般进行干籽直播，不进行浸种催芽。因为其种子吸水力强，长时间浸种容易使种子胀破种皮，造成养分外流，甚至烂籽，影响发芽率。但为防止种子带有病菌，可进行短时的药剂浸种，对种子进行表面消毒后再进行播种。



## 308. 歪头菜播种时应注意什么?

在整好的畦内，按 20～30 cm 行距开沟，沟深5～6 cm，将种子按 3～5 cm 株距点播于沟内，覆土 2～4 cm，稍加踩实即可。



## 309. 怎样进行歪头菜的田间管理?

歪头菜播种后如土壤不特别干旱，可不浇水。幼苗出土后可浇小水以促进幼苗生长，浇水后及时进行中耕除草，使土壤松软，有利于幼苗生长，防止土壤板结或杂草抑制幼苗生长。中耕不宜过深，以免损伤幼苗根系。当幼苗长至 5 或 6 片真叶时进行追肥，由于主要食用歪头菜嫩茎叶，因此可适当多施氮肥，促进营养生长旺盛，以达到提高产量和品质的目的。一般情况下保持土壤湿润下，每 10 天浇水 1 次，每月施氮肥 1 次，每次 10～15 kg，并追施适量磷钾肥。

歪头菜的地上部分可在露地越冬，因此秋季可减少采摘次数，直至冬季不再采摘。并减少浇水或不浇水，停止追氮肥，以控制地上部分生长，促进根系入土深扎，为安全越冬和以后高产打基础。中耕 2 次，结合施稀肥，培土护根，促冬前营养体生长良好，增强抗寒力。第二年春天返青后施肥浇水，满足茎叶生长发育的需要。

## ☞ 310. 如何防治歪头菜常见病害？

歪头菜的常见病害为丝核茎腐病，真菌性病害，主要危害茎基部或地下部。病菌以菌丝和菌核在土壤或病残体内越冬。茎基部染病，在茎的一侧或环茎出现黑色病变，导致茎变黑。有时病斑可向上扩展达十几厘米，干燥时凹陷，几周后病株枯死。湿度大时病株根际长有菌丝，而后形成不规则形褐色菌核。地下部染病后呈绿褐色，主茎略萎蔫，下部叶片变黑，上部叶片叶缘变色，整株枯死。此外，病菌也可危害种子，造成烂种或芽枯，幼苗不能出土。土壤过湿或过干、沙土地及徒长苗发病重。

防治方法

①适时播种，实行合理的轮作制度。

②加强田间管理，避免土壤过干过湿。

③种子处理：用种子质量 0.3％的 40％拌种双粉剂或 50％福美双可湿性粉剂拌种。

④药剂防治：发病初期喷 75％百菌清可湿性粉剂 600～800 倍液，或 58％甲霜灵锰锌可湿性粉剂 500 倍液，或 20％甲基立枯磷乳油 1 000～1 200 倍液。每 7～10 天喷 1 次，连续 1 或 2 次。

## ☞ 311. 如何防治歪头菜常见虫害？

歪头菜的常见虫害为豆芫菁，别名白条芫菁、锯角豆芫菁。成虫聚集，大量取食叶片及花瓣。以 5 龄幼虫越冬。成虫白天活动，尤以中午最盛，群集危害，喜食嫩叶、心叶和花。成虫遇惊常迅速逃避或落地藏匿，并从腿节末端分泌含芫菁素的黄色液体，触及皮肤可导致红肿起泡。

防治方法

①冬耕消灭部分越冬的幼虫；水旱轮作淹死越冬幼虫。

②成虫点片发生时，用捕虫网捕捉成虫。

③药剂防治：成虫发生期，用21%灭杀毙乳油6 000倍液，或20%灭扫利乳油3 000倍液等喷雾防治。

## 312. 采收歪头菜有哪些注意事项?

主要食用歪头菜的嫩茎叶。当秧苗长至30 cm左右时开始采摘，每次摘取其幼叶或茎尖包装上市。采摘后进行浇水施肥，促进新枝产生，20天左右可收获第二茬。



## 313. 歪头菜的膳食功效及营养成分是什么?

歪头菜有补虚调肝、理气止痛、清热利尿的功能，对于胃及十二指肠溃疡、急慢性支气管炎、高血压、冠心病等有较好疗效，且有助于增强人体免疫力，具有一定的抗肿瘤作用。

每100 g鲜品含蛋白质2.2 g，脂肪0.25 g，糖类10 g，粗纤维4.6 g，胡萝卜素4.87 g，维生素$B_2$ 0.87 mg，维生素C 104 mg，还含有钙、磷等物质。

## 314. 怎样食用歪头菜?

歪头菜食用部位为嫩茎叶。

歪头菜的叶片洗净后，可与味精、蒜泥、麻油凉拌；可与鸡蛋炒食；可与鸭肉、青鱼炖食；也可与莲子煲粥。

## (二十六)兔儿伞

### 315. 兔儿伞有哪些别名?

兔儿伞(图 25)的别名有伞把草、雨伞菜、帽头菜。

图 25　兔儿伞

### 316. 兔儿伞生长要求怎样的环境条件?

**(1)温度**

兔儿伞喜温暖湿润的环境，属半耐寒性植物，生长适温为 12～22℃，低于 10℃生长缓慢，温度过高则纤维发达，并产生苦味，品质下降。

**(2)土壤营养**

兔儿伞对土壤要求不严格，以肥沃、疏松、保水、保肥、透气性好的沙质壤土及轻黏土为适宜。对氮肥的需求量大。氮素供应充足时，叶片鲜嫩，有利于提高品质和产量。

**(3)水分**

兔儿伞生长期间如果供水不足会使产量和品质大幅度下降。只有保证充足的水分，才能获得高产。

**(4)光照**

兔儿伞在栽培过程中需要较充足的光照，且需要在较长的日照条件才能通过春化阶段进而抽薹、开花、结实。

## 317. 兔儿伞的繁殖方式有哪些？

兔儿伞可用种子繁殖，也可用根状茎繁殖。

**(1)种子播种**

兔儿伞 4 月初可露地播种，播种前深翻，同时施足基肥做畦；在畦内按 20～30 cm 行距开沟，沟深 3～4 cm，将种子均匀撒入沟内，覆土，稍加镇压。若土壤干旱，则需播后浇水。浇水后用稻草或地膜覆盖，保持土壤湿润，防止板结。一般温度在 20℃左右，有足够的湿度下，播种后 10～13 天出苗。每 667 $m^2$ 用种量为 4～5 kg。

**(2)地下茎繁殖**

春季在兔儿伞萌发前，将地下茎挖出，抖去泥土，用刀将地下茎切成数段，每段必须含有 1 或 2 个节。在整好的畦内按 20～30 cm 开沟，将茎段均匀摆放在沟内，覆土、顺沟浇水，使根茎与土壤充分接触，促进新株萌发。

## 318. 种植兔儿伞前应进行怎样的土壤准备？

兔儿伞的前茬作物以禾本科植物为好，或进行 4 年以上轮作，土质以沙质壤土为好，表层要有 10～15 cm 厚的肥土，翻土 10～15 cm，不宜过深，整平，除去粗石子，做成 1 m

左右宽的平畦。

## ☞ 319. 怎样进行兔儿伞的田间管理?

**(1)中耕除草**

兔儿伞出苗后应勤除草、浅中耕,原则上做到田间无杂草,土壤不板结。在雨后露水未干时不能除草,否则容易患染铁叶病。

**(2)追肥**

兔儿伞施肥应遵循施足基肥、早施苗肥、重施追肥的原则。基肥一般每 667 $m^2$ 施入人粪尿 1 000 kg,过磷酸钙 25～35 kg。到 5 月上旬幼苗基本出齐,应施稀薄人粪稀 1 次,一般每 667 $m^2$ 施 500 kg;旺盛生长期前后是兔儿伞吸肥量最大,生长发育最快的时期,一般在此时期每 667 $m^2$ 施入人粪尿 1 000 kg,尿素 20 kg,促进秧苗旺盛生长,以提高产量和品质。

**(3)排灌水**

在兔儿伞生长期内,田间不宜过干或过湿。土壤过干,水分不足,会抑制秧苗生长;田间过湿,容易发生病害,若田间积水,则易死苗。因此在雨季到来之前,应及时挖沟、清沟,以便雨后及时排水。5 月中下旬到 6 月上旬开始采收。

**(4)摘蕾**

为使养分充分集中在嫩茎叶上,防止茎叶过早老化,应及时摘除出现的花蕾。摘蕾时,一手轻捏茎,另一手摘蕾,需尽量保留小叶。摘蕾应在晴天进行;雨天或阴天摘蕾,伤口进水易引起病害。

## ☞ 320. 如何防治兔儿伞常见病害?

兔儿伞的常见病害为叶枯病,真菌性病害,主要危害叶片。病菌以子座或菌线块在病叶上越冬,病斑圆形至不规则形,中央灰白,边缘褐色,干旱时中间易碎烂,湿度大时正背面生黑色霉状物。后期病斑相互愈合成片,造成大片叶枯死。冬春温暖,雾大露重的情况下,病害易大发生。

防治方法

①实行轮作,加强田间管理。

②药剂防治:发病初期开始喷洒 40%多硫悬浮剂可湿性粉剂 500 倍液,或 50%苯菌灵可湿性粉剂 1 500 倍液,或 50%扑海因可湿性粉剂 1 500 倍液,或 70%甲基硫菌灵可湿性粉剂 500 倍液。每 7～10 天喷 1 次,连续 2 或 3 次。





## ☞ 321. 如何防治兔儿伞常见虫害?

兔儿伞的常见虫害为蜗牛等。蜗牛食性很杂,幼卵幼贝食量较小,仅食叶肉,留下表皮。成贝以齿舌刮食叶茎,造成空洞或缺刻,严重者咬断幼苗,造成缺苗断垄。蜗牛以成贝或幼贝在菜田、灌木丛及作物根部、草堆石块下及房屋前后等潮湿阴暗处越冬。蜗牛的发生与雨量有很大关系,若前一年 9～10 月份雨量较大,第二年春季雨量多且温度较高,则春季会大发生。

防治方法

①地膜覆盖。

②及时清理残株,铲除田间、地头、沟边等处的杂草。及时中耕,排除积水等措施,借以破坏蜗牛的栖息和产卵

场所。

③进行秋季或初冬深翻地，使部分蜗牛暴露在地面冻死或被天敌啄食，卵被晒爆裂。

④利用树叶、杂草、菜叶等在菜田做成诱集堆，天亮后集中捕捉。雨后天晴除草、松土、捕杀部分蜗牛。

⑤利用天敌进行捕杀，蜗牛的天敌有步甲、沼蝇、蛙、蜥蜴等。

⑥每 667 $m^2$ 用 6%密达颗粒剂 0.5 kg，均匀撒施于地面，或以 0.8 m 左右的间隔堆放，每堆 1～2 g，或 6%蜗灭佳颗粒剂 0.52 kg，或 0.75%除蜗灵颗粒剂 0.4 kg，或 8%灭蜗灵颗粒剂或 10%多聚乙醛颗粒剂 1 kg

⑦在棚室周围撒生石灰，形成封锁药带，使蜗牛不能进入其中危害。也可将氨水对成 70～100 倍液杀灭。

## 322. 兔儿伞的膳食功效及营养成分是什么?

兔儿伞有舒筋活血、止血，祛风湿的作用，用于腰腿疼痛、风湿麻木、月经不调等病症。

每 100 g 嫩叶含水分 75 g，胡萝卜素 3.24 mg，核黄素 0.35 mg，抗坏血酸 24 mg。

## 323. 怎样食用兔儿伞?

一般采食兔儿伞嫩苗、嫩叶。

将兔儿伞洗净后，可将其裹蛋清炸食；可与蒜泥、米醋等拌食；可与鸡蛋、虾仁、腊肉、猪肝等炒食；还可作皮包米粉肉蒸食，非常清香。

## (二十七)苦力芽

### ☞ 324. 苦力芽有哪些别名?

苦力芽(图 26)又叫地龙芽、苦龙芽菜、苦壮菜。

图 26　苦力芽



### ☞ 325. 苦力芽生长要求怎样的环境条件?

苦力芽喜生于高山的冷凉潮湿的环境。忌强光和高温,需遮阳,特别是苗期的耐光能力弱,随着苗龄增加,其耐光能力逐渐增强。苦力芽适宜生长在肥沃、富含腐殖质、上层疏松、下层较紧密的沙质壤土,有利于期根茎向上生长。黏重、排水不良的土壤不宜种植。

### ☞ 326. 苦力芽的繁殖方式有哪些?

苦力芽一般用种子繁殖。春播于 4 月上、中旬播种。在整好的畦内按行距 30 cm 开沟,沟深 3 cm,将种子均匀撒入沟内,覆土耧平,稍加镇压,使种子与土壤紧密结合。每 667 $m^2$ 用种量为 2～3 kg。

## ☞ 327. 种植苦力芽前应进行怎样的土壤准备?

选择排水良好的沙质壤土。耕地前,每 667 $m^2$ 施圈杂肥 1 000～2 000 kg 作为基肥,将肥料均匀撒入地中,然后深耕 20～30 cm,耙细整平,做平畦。地头挖好排水沟。

## ☞ 328. 怎样进行苦力芽的田间管理?

苦力芽在幼苗期应注意及时浇水、松土和除草。以利于幼苗的生长,防止杂草滋生,保持土壤湿润。雨季应注意排水防涝,防止积水烂根。幼苗进入旺盛生长期后,注意合理施肥,每月追施速效氮肥 15～20 kg,施肥后浇水。

## ☞ 329. 如何防治苦力芽常见病害?

苦力芽的常见病害为褐斑病,真菌性病害,主要危害茎、枝及叶。病菌以分生孢子在病残体上越冬。初时出现褐色小点,逐渐扩大为卵圆形或椭圆形病斑。发病重的导致叶片早落或茎干枯黄。该病病部中央产生淡灰色霉层,有别于茎枯病。病菌发育适温 25～28℃,秋天达发病高峰。

防治方法

①收获后清除残枝落叶,带出田外集中烧毁,及时割除茎秆,适时翻耙土地,减少病原。

②药剂防治:发病初期开始喷 50%多菌灵可湿性粉剂 600 倍液,或 40%多硫悬浮剂 600 倍液,或 14%络铵铜水

剂 300 倍液等。

## ☞ 330. 如何防治苦力芽常见虫害？

苦力芽的常见虫害为列当，又名“地麻花”，是一种寄生性种子植物，寄生于根部，用吸盘吸取苦力芽营养，使苦力芽停止生长，严重时全株死亡。

防治方法

发现时应立即连土带苦力芽植株一起挖起清除，再填上新土防止蔓延，或结合除草拔除病株，在 7 月上、中旬列当种子未成熟前清除干净。

## ☞ 331. 苦力芽的膳食功效及营养成分是什么？

苦力芽具有生津、活血的功效，治疗损伤或拉伤筋骨疼痛。

每 100 g 苦力芽嫩茎叶中含蛋白质 1.2 g，脂肪 0.25 g，粗纤维 0.4 g，糖类 3.25 g，胡萝卜素 0.26 g，维生素 A 0.045 mg，维生素 $B_2$ 0.02 mg，维生素 E 76 mg，钾 25 mg，钙 44 mg，铁 19.5 mg，锰 0.69 mg，锌 1.89 mg，铜 2.25 mg，磷 14 mg。

## ☞ 332. 怎样食用苦力芽？

苦力芽食用部位是其嫩叶。苦力芽的嫩叶洗净后，切段与冬笋、香菇、榨菜切丝，煮制成羹；也可与鲫鱼煲汤，可将苦力芽焯熟后加各种调味品拌成凉菜食用。

## (二十八)黄精

### 333. 黄精有哪些别名?

黄精(图 27)的别名有黄鸡菜、鸡头参、鸡头黄精。

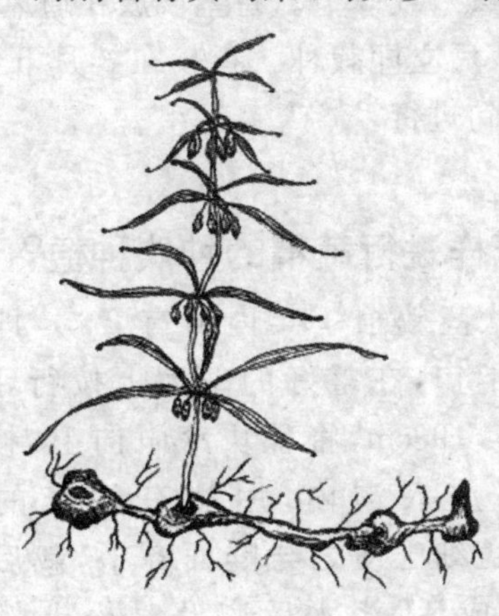

图 27　黄精

### 334. 黄精生长要求怎样的环境条件?

黄精幼苗能在露地越冬,喜潮湿,在干燥地区生长不良,栽培时应选湿润、庇荫的地块。土壤以土层深厚、肥沃、疏松,排水和保水性能较好的沙质壤土或黏壤土生长较好,太黏重或过于干燥以及瘠薄的地块不宜种植。

### 335. 怎样进行黄精的种块选择及处理?

黄精种块的质量是影响黄精产量的重要因素,因此,在种植前应对种块进行严格挑选，并进行消毒处理，以保证发芽整齐、植株健壮、减少病虫害。种块应选择1～2年生健壮、无病虫害的植株，收获时挖取根状茎，选择白嫩、无损伤根状茎的先端幼嫩部位。用清水洗净泥土，晾干，再用50%乙醇或40%福尔马林100倍液进行表面消毒后截成数段，每段须具2或3节。将茎段放在通风背阳处稍晾，待切口晾干收浆后立即栽种。春栽在3月下旬，秋栽在9月份至10月上旬进行。

## ☞ 336. 怎样进行黄精的种块种植?

黄精根状茎栽植一年内可有2次，即春播和秋播。春播在3月下旬，在整好的畦面上按行距25～30 cm开横沟，沟深7～9 cm，将种块芽眼向上，按10～15 cm的株距均匀摆放入沟内，用拌有灶灰的细肥土覆盖5～7 cm，再盖细土使之与畦面齐平，栽后3～5天浇水1次，以利于成活，浇水后应及时松土，使土壤通风透气，利于出苗。秋播时在9～10月份将种块按春播的方法播入畦内，在土壤封冻前于畦面覆盖一层厩肥或堆肥，以利保暖越冬，第二年化冻后将粪块打碎、耧平，出苗前保持土壤湿润。

## ☞ 337. 种植黄精前应进行怎样的土壤准备?

黄精是喜阴湿、性耐寒的植物，其幼苗能露地越冬，在干燥地区生长不良，但在湿润庇荫的环境生长良好。因此，黄精的栽培田应选在有遮阳物、土层深厚、肥沃、疏松、排水和保水性能较好的土壤为宜。在土壤黏重或过于干旱以及瘠薄的地块均不适宜种植。地选好后，先深翻一遍，并结合整地每 667 $m^2$ 施入腐熟厩肥或堆肥 2 000 kg，与土壤混匀，并翻入土中，作为基肥，然后整平耙细，做宽 1.3 m 的高畦。开畦沟宽 40 cm，并在四周做好排水沟。

## 338. 怎样进行黄精的田间管理？

**(1)中耕除草**

黄精生长前期生长量小，容易滋生杂草，应经常中耕除草。一般每年 4，6，9，11 月份各进行 1 次，中耕应浅耕，以免伤及根茎。

**(2)追肥**

追肥在每年结合中耕除草进行。前 3 次中耕后每 667 $m^2$ 施入人畜粪水 1 500～2 000 kg。第四次追肥在冬季进行，应重施。每 667 $m^2$ 施入土杂肥 1 500 kg，过磷酸钙 50 kg，饼肥 50 kg 混合拌匀后，于行间开沟施入。施后覆土盖肥，并进行培土。

**(3)排水灌溉**

黄精喜湿怕干，田间应经常保持湿润。遇干旱天气，要及时灌水。雨季要注意清沟排水，以免田间积水，使块茎腐烂。

**(4)遮阳**

田园栽培黄精必须有遮阳条件，否则黄精生长不良。因此，可在畦沟或田埂上间种玉米等高秆作物进行遮阳。

## 339. 如何防治黄精常见病害？

黄精的常见病害为黑斑病，真菌性病害，主要危害叶片。受害叶片从叶尖开始出现不规则的黄褐色病斑。病斑边缘为紫红色，后从病斑逐渐向下蔓延，使叶片枯黄死亡。每年 5 月份开始发病，雨季发病较为严重。

防治方法

①秋季收获后，及时清洁田园卫生，将枯枝病残体进行集中烧毁，以消灭越冬病原物；

②发病前及发病初期，喷 1∶1∶100 波尔多液，或 50%退菌特 1 000 倍液。每 7～10 天喷 1 次，连续 3 或 4 次。



## 340. 如何防治黄精常见虫害？

黄精的常见虫害为蛴螬，主要危害地下根状茎，咬断幼苗根茎，造成幼苗死亡，或啃食根茎，造成孔洞，影响植株长势及质量。同时伤口处易受其他病原物侵染。

防治方法

①农业防治：秋季或春季深翻地，将部分成虫或幼虫翻至地表，使其冻死、风干或被天敌捕食、寄生及机械死伤；多施腐熟的有机肥，改良土壤结构，改善通透性，提供微生物生活的良好条件，使植物健壮生长，提高抗虫性；调整茬口，合理轮作。



②药剂诱杀：在成虫盛发期用 90%敌百虫 800 倍液喷杀，用 50%辛硫磷乳油拌种可消灭幼虫，药、水、种子的比例为 1∶50∶600。

③灯光诱杀：成虫盛发期，每 30 000 $m^2$ 用 40 W 黑光灯诱杀。

## 341. 黄精在采收时应注意些什么？

黄精生长期长，一般根茎繁殖的可于栽后 2～3 年收获;种子繁殖的于栽后 3～4 年收获。采收期以晚秋地上部分枯黄后至早春萌发前及时采挖为宜。根茎挖出后,去掉茎叶,抖去泥沙,削去须根和烂疤,用清水洗净后即可包装上市。

### 342. 黄精的膳食功效及营养成分是什么?

食用黄精可起到益气养心、宁心安神的作用;可以增强人体的免疫功能,抗衰老。对糖尿病、动脉硬化、慢性病毒性心肌炎等病症的治疗有良好的效果,对于厌食及脾胃不良有显著效果。

每 100 g 根状茎含蛋白质 8.5 g,淀粉 21 g。此外,还含有大量维生素、黏液质、还原糖、多种氨基酸和蒽醌类化合物。

### 343. 怎样食用黄精?

多食用黄精根状茎。采挖洗净后可切丝焯熟加各种调味料凉拌;可与人参、红枣、瘦肉炖盅;可与牛肉、羊心、龟等煲汤;也可与大米、小米等煮粥,与白酒泡制黄精酒,与蜂蜜煮膏制成黄精蜜。

## (二十九)桔梗

### 344. 桔梗有哪些别名?

桔梗(图 28)又叫到拉基、和尚头、铃铛花。

图 28　桔梗

## 345. 桔梗生长要求怎样的环境条件?

桔梗喜凉爽、湿润的环境,20℃利于生长。耐寒,在北方当年播种的幼苗可忍受－21℃低温。在北方露地,于4月上旬萌芽,6月中旬开花,8～10月份可陆续采收种子。遇霜地上部分即枯死,但地下部分能顺利越冬。桔梗对土壤要求不严,多为壤土、沙质壤土、黏壤土及腐殖质壤土。但以排水良好、土层深厚、富含腐殖质的沙质壤土为宜。要求阳光充足,但对弱光也有一定的适应性。忌积水,土壤水分过多则根部易腐烂。怕风害,大风易使植株倒伏。

## 346. 桔梗育苗栽培时应注意些什么?

**(1)苗床准备**

育苗时选择避风向阳的地块作为苗床。播种前施足基肥,一般每667 $m^2$ 施腐熟的厩肥或堆肥400 kg,耕耙整平,做成宽 1.3 m 的长畦，长度不限。畦土要求湿润、松软、细碎。

**(2)种子处理**

播前对种子进行消毒、浸种、催芽等措施，可促进种子发芽，提高出苗整齐度，防止病害发生。种子消毒以药剂为主，在药剂处理前，先把种子浸水 10 min 左右，漂出瘪种子，再进行消毒处理，药剂消毒可采用粉剂干拌或药液浸泡法。如用五氯硝基苯(用药量为种子质量的0.2%～0.3%)拌种，能防止苗期猝倒病；用福尔马林 100 倍液浸种 10～15 min，可杀死种子表面所带病菌。种子消毒后应用 30℃温水浸泡 8 h，然后用湿布包上，放在 25～30℃的地方催芽，每天早晚用温水冲滤 1 次；4～5 天后待种子萌动后即可播种。种子消毒也可采用高温消毒法，即采用 50℃水中，搅动至凉后，再浸泡 8 h 后捞出，催芽。

**(3)播种**

在已准备好的苗床上，按 10 cm 的行距开沟，沟深 2 cm，将种子均匀撒入沟种，盖土 1～2 cm，盖土后镇压，使种子与土壤充分接触。播种后经常保持土壤湿润，约 15 天可以出苗。苗高 1.5～2 cm 时间去过密和细弱的苗；苗高 3～4 cm 时，按 3～5 cm 株距留苗，以后及时除草，待秋后或第二年春天定植于大田。

## ☞ 347. 种植桔梗前应进行怎样的土壤准备？

桔梗根系较深，而且以根为产品器官。定植前应深翻土地，同时每 667 $m^2$ 施腐熟的厩肥或堆肥 5 000～7 000 kg，过磷酸钙 20 kg，撒入地内，深耕细耙，做畦。有机肥必须腐熟，否则容易造成叉根。做畦方法根据气候、水分条件而定。华北地区通常用高畦栽培。可以加厚耕层，使土壤松软，有利于肉质根的生长。

## ☞ 348. 怎样进行桔梗的定植？

第二年3月下旬，将尚未萌发的桔梗根系挖出，定植于大田。定植前先浇水造墒，并在高畦上开10～15 cm的沟，行距20～30 cm，按株距6～7 cm将桔梗根均匀摆放在沟内，然后盖土。顶芽以上盖土1.5～2 cm。定植后及时浇水，使根系充分接触土壤，以利于发芽。

## ☞ 349. 怎样进行桔梗的田间管理？

桔梗定植后生长期长，定植后应合理地进行肥水管理。

**(1)合理浇水**

桔梗定植后到收获需要1～2年时间，生长期长。因其肉质根肥大需水较多，如长期缺水，会使产量及品质降低；反之水分过大，土壤缺乏氧气，根系吸收能力下降，呼吸困难，造成烂根。因此，需要供水均匀，防止忽干忽湿。雨季应及时防涝、排水，避免畦内积水。

**(2)分期追肥**

当幼苗苗高5～20 cm时，每667 $m^2$追施过磷酸钙20 kg，硫酸铵12 kg。施肥方法采用沟施方法，在行间开沟，施入肥料，将肥料用土盖严，然后浇水。6～7月份开花时，再追施粪稀1次。以后依据植株长势适当追肥，可有效促进生长，提高产量。

**(3)中耕、除草、培土**

定植浇水后，在干湿适当时立即浅松土1次，以免干裂透风，造成死亡。夏季由于高温多雨，容易滋生杂草，应及时进行中耕除草，尤其在浇水 2～3 天后，及时中耕可以有效地清除杂草，保持土壤湿润，使土壤保持疏松状态，有利于根的生长膨大。中耕同时，在桔梗根际培土，可有效地防止倒伏，利于土面充分见光和排水。

桔梗除育苗种植外，还可以直播。直播桔梗根条直，叉根少，质量较育苗者好。直播又分冬播和春播，以冬播较好，出苗早而整齐。冬播于 11 月初，在做好的畦上按 20～25 cm 行距开 2～3 cm 浅沟，将种子撒入沟内，覆土盖平，然后镇压 1 次。上冻前浇 1 次冻水，第二年春出苗。春播北方地区在 4 月中旬，为使出苗整齐，种子必须处理。将种子置于 50℃温水中，随即搅动至水凉后，再浸泡 8 h，用湿布包上，放在 25～30℃的地方，上面用湿布盖好，进行催芽。每天早、晚各用水冲滤 1 次。4～5 天后即待种子萌动后即可播种。播种方法同冬播，播后浇水，出苗前经常保持土壤湿润，10～15 天出苗。每 667 $m^2$ 用种量为 0.4～0.6 kg。



## ☞ 350. 如何防治桔梗常见病害？

桔梗的常见病害为紫纹羽病，又名烂脚病，为真菌性病害，主要危害根部。受害根部表皮变红，后逐渐变为红褐色至紫褐色。7 月下旬开始发病，8 月上旬根皮密布网状红褐色菌丝，后期形成绿豆大小的紫褐色菌核，9 月中旬危害严重，10 月下旬根部腐烂只剩下空壳，地上部枯死。

防治方法

①忌连作，实行合理轮作；及时清除病株。

②药剂防治：病穴用 10％石灰水消毒。山地栽培可每 667 $m^2$ 施用 100 kg 生石灰，减轻发病情况。

## ☞ 351. 如何防治桔梗常见虫害?

桔梗的常见虫害为地老虎，其危害桔梗幼苗，咬食地下芽，或咬食根状，造成孔洞。

防治方法

①田间管理：及时清理田园卫生，将田间地头、路旁的杂草及时铲除，带至园外沤肥或烧毁。冬季或春季深翻晒土，进行冬灌可减少越冬幼虫或蛹。

②人工捕捉：发现断苗时，在清晨拨开断苗附近表土，可捉到幼虫。

③药剂防治：对 3 龄以上幼虫用 80%敌百虫可湿性粉剂 1 000 倍液，或 50%辛硫磷乳油 800 倍液进行地面喷施。

## ☞ 352. 桔梗采收的适宜时机是何时?

桔梗播种后第二、三年收获，于春天萌芽前或秋末地上部分干枯后收获，去茎、叶泥土等杂物。



## ☞ 353. 桔梗的膳食功效及营养成分是什么?

桔梗有开宣肺气、祛痰排脓的作用，有助于提高人体免疫力，是润肤、美容的佳品，对于咳嗽、咽喉肿痛有较好的疗效。

桔梗的营养价值较高，其中含多种氨基酸和 20 余种矿质元素，如锌、铝、镍、锂、钠、锰、铜、硼、硅、铬、锑、铂、铊。每 100 g 鲜重中含蛋白质 0.31 g，胡萝卜素 7.9 mg，维生素 $B_2$ 0.59 mg，维生素 C 2.14 mg。

## ☞ 354. 怎样食用桔梗?

以食用桔梗地下根较为普遍，也可食用嫩茎叶。

地下根采挖后洗净去掉外层木栓化表皮，泡去苦味。撕成细丝后可与黄瓜、胡萝卜炒食；可与各种调味品凉拌；可用盐、辣椒等制成咸菜。

# (三十)小根蒜

## ☞ 355. 小根蒜有哪些别名?

小根蒜(图 29)的别名有薤白、山蒜、野蒜。

图 29　小根蒜

## ☞ 356. 小根蒜生长要求怎样的环境条件?

小根蒜适应性强，于 3 月中旬土壤解冻时开时生长，生长期间喜冷凉、湿润的环境，气温超过 25℃以上即可进行休眠，冬季土壤解冻后以小鳞茎在地下越冬，春秋季节生长最旺，鳞茎生长适温为20℃左右。

小根蒜要求较长日照时间，能适应较弱的光照强度。小根蒜在各类土壤均可栽培，以8～18℃，土壤湿润，光照充足，排水良好的肥沃沙质土壤为优。



## 357. 小根蒜的繁殖方式及注意事项有哪些？

小根蒜用鳞茎繁殖，播种前应先对种鳞茎进行选择，淘汰个体太小，有病斑或机械损伤的鳞茎，除去干叶，剪掉部分须根，即可播种。播前先在做好的畦内按行距20～25 cm开沟，沟深5～6 cm，按株距3～5 cm将种苗摆放在沟内，浇底水，覆土保持土壤湿润。在适当的温度下7～10天可萌芽出土。在我国北方地区由于小根蒜喜冷量环境，25℃以上进行休眠，因此播期一般在8～9月份。



## 358. 种植小根蒜前应进行怎样的土壤准备？

小根蒜的适应能力强，各类土壤均可栽培，但是以排水良好的沙质土壤最好。选好栽培田后进行整地与施基肥，一般先深翻土地20 cm，结合翻地每667 $m^2$施腐熟的有机肥1 000～2 000 kg、尿素3～5 kg作为基肥。若土壤干旱可先浇水后翻地施肥。将土地整细耙平，做成宽1.3～1.5 m的平畦，待播。

## 359. 怎样进行小根蒜的田间管理？

小根蒜的田间管理应根据不同生育期的生长特点和需水需肥规律进行。

(1)浇水

小根蒜栽植后在生长初期阶段，应适当控制浇水，以中耕保墒为主。土壤结冻前灌冻水，冬天寒冷的地区在浇足冻水的基础上，畦面覆盖马粪、圈肥护根防寒，保护植株安全越冬。第二年春天返青后及时浇水，由于早春气温低，浇水不宜过勤，水量要小，保持土壤间干间湿。进入发叶盛期，生长量和蒸腾量增加，应加强水分管理；鳞茎开始膨大前7～10天浇水后蹲苗，通过蹲苗可抑制叶部生长，促进营养物质向叶鞘基部和鳞茎转移，加速鳞茎膨大。从鳞茎开始膨大到临近收获，植株生长量大，是肥水管理的关键时期，浇水宜勤保持土壤湿润。收获前5～7天停止浇水。

(2)追肥

小根蒜定植前施足基肥，在生育期间还应分期追肥。植株返青时结合返青水每667 $m^2$ 施尿素10～15 kg，过磷酸钙20～30 kg，促进返青发棵。返青30天左右进入发叶期，每667 $m^2$ 施入尿素15～20 kg。当鳞茎开始膨大时需每667 $m^2$ 施入尿素25～30 kg，硫酸钾15～20 kg。经常保持土壤间干间湿。

(3)中耕

小根蒜从鳞茎开始膨大以前，中耕除草2或3次，深3～4 cm，保持土壤墒情，增加土壤通透性，提高土壤湿度，促进根系发育。也可用化学除草剂，每667 $m^2$ 用除草醚0.4～0.5 kg对水75 kg除草效果较好。

## 360. 如何防治小根蒜常见病害？

小根蒜的常见病害为疫病，真菌性病害。病菌以卵孢子和菌丝体随病残体在土中越冬。叶片被害始于中下部。

初为水渍状暗绿色斑，渐向上发展，病部失水，缢缩，腐烂，致病部以上叶薹萎蔫下垂。高湿时病部长出稀疏白霉。假茎受害，初呈水渍状，渐呈褐色腐烂，长出灰白色霉，叶鞘极易脱落。鳞茎受害，根盘呈水渍状褐色，鳞茎湿软腐烂。纵切鳞茎，内部组织变褐。根部染病后腐烂，细根很少，影响水分吸收，病株矮小叶细。多雨的夏季发病严重。地势低洼，排水不畅，通风不良，高温高湿的地块均有利发生和流行。

防治方法

①加强管理，避免连作重茬。平整土地，做到雨后不积水。保护地加大放风，降低田间温湿度。

②药剂防治：发病初期交替用 25%甲霜灵 800 倍液，64%杀毒矾 500 倍液或 72.2%普力克 800 倍液喷雾。每 7～10 天喷 1 次，连续 2 或 3 次。

## 361. 如何防治小根蒜常见虫害？



小根蒜的常见虫害为葱蓟马，俗名烟蓟马，为杂食性害虫。成虫和若虫均以锉吸式口器进行危害。受害后产生很多细小的灰白色长条形斑，严重时叶片萎蔫，甚至枯黄扭曲。以成虫越冬为主，也有若虫在叶鞘内侧、土块下、土缝内或枯枝落叶中越冬。尚有少数以“蛹”在土中越冬。4～5 月份危害最严重。

防治方法

①减少越冬虫源，清除田间枯枝残叶，集中处理烧毁。

②药剂防治：成、若虫期可喷 40%七星保乳油 600～800 倍液，或 20%氯·马乳油 2 000 倍液。每 7～10 天喷 1 次，连续 2 或 3 次。采收前 7 天停止用药。

## ☞ 362. 应何时采收小根蒜?

以叶和鳞茎供食的第二年 4 月份采收,专收鳞茎的在第二年 5 月份叶子开始枯黄时采收。

## ☞ 363. 小根蒜的膳食功效及营养成分是什么?

小根蒜可抗菌消炎、健胃祛湿,有开胃、助消化的作用,对食欲不振、消化不良有较好的疗效,可治疗冠心病、慢性肠炎、急性上呼吸道感染引起的咳嗽、哮喘等多种病症。

小根蒜的营养丰富,每 100 g 鳞茎含有脂肪0.36 g,碳水化合物 23 g,粗纤维 0.85 g,胡萝卜素 3.85 g,维生素 $B_1$ 0.05 mg,维生素 $B_2$ 0.09 mg,烟酸 1.2 mg,磷 52 mg,铁 4.4 mg,钙 94 mg。此外,还有蒜氨酸、甲基蒜氨酸、大蒜糖。



## ☞ 364. 怎样食用小根蒜?

多食用小根蒜鳞茎。采收洗净后可切丝与鸡蛋炒食;可与香米煮粥;也可用白砂糖、白醋等熬成膏状后食用。

# (三十一)杏参

## ☞ 365. 杏参有哪些别名?

杏参(图 30)又叫荠苨、白面根、田桔梗、土桔梗、梅参。

图 30 杏参

## 366. 杏参生长要求怎样的环境条件？

杏参喜湿润的气候及阳光充足的环境条件，能耐旱。以富含腐殖质、土层深厚、肥沃及排水良好的壤土及沙质壤土为好。



## 367. 杏参的繁殖方式及其主要技术有哪些？

杏参的种子需经过低温沙藏才能打破休眠。种子采收后，将种子和沙土按 1∶1 比例混合，保持湿润，堆放在背阳处用草苫覆盖，待第二年春天将种子筛出即可播种。

主要食用杏参的肉质根，适于直播，但也可育苗移栽。直播一般在 3 月下旬至 4 月上旬播种，播前在畦面开 1 cm 深的浅沟，间距 15～25 cm，将种子均匀撒入沟中，覆一层细土，稍加镇压后浇水保湿。可盖地膜防止土壤板结。

为保证出苗整齐可选用育苗移栽的方式。3 月上旬开始在保护地育苗，播前苗床要耙细整平，条播或撒播均可，播后覆土 0.5～1 cm，稍加镇压后浇水、保湿，保持土壤温度在 20～30℃条件下，7～10 天即可出苗。

## 368. 种植杏参前应进行怎样的土壤准备?

杏参为深根性植株，选向阳、排水良好、土层深厚、富含腐殖质的壤土或沙质壤土为种植地。施足底肥，每 667 $m^2$ 施腐熟的有机肥 2 500 kg，过磷酸钙 20 kg，尿素 10 kg。施肥后深翻 20～30 cm，耙细整平，畦宽 1.2 m。也可做成 1 m 宽的高畦。

## 369. 怎样进行杏参的田间管理?

**(1)定苗或定植**

直播苗高 5 cm 时疏弱留强，当苗高 10 cm 左右时按株行距 15 cm×20 cm 定苗。同样，育苗移栽者于苗高 10 cm 左右时定植于大田。定植起苗时应带土坨，以免伤根过多，影响肉质根品质。

**(2)中耕除草**

在杏参生长期间需注意及时除草，以利植株旺盛生长，同时结合施肥灌水，在此期间进行 2 或 3 次中耕。前期肉质根未形成，宜深中耕。后期肉质根已肥大，为避免伤根宜浅中耕。

**(3)浇水施肥**

杏参生长前期生长量小，需水需肥量小，视土壤墒情及肥力状况可适量浇水和施少量速效氮肥，促其发棵。在肉质根膨大期需肥需水量增加，一般每 7～10 天浇水 1 次，每次可随水施肥1次，一般每667 $m^2$ 施过磷酸钙20～30 kg，硫酸钾10～15 kg，促进肉质根生长。

## 370. 如何防止杏参常见病害？

杏参的常见病害为根腐病，又名烂根，为真菌性病害，主要危害根部。发病初期叶面出现褐斑，茎基部变为褐色，水浸状。之后根尖、须根发黑，腐烂，主根呈锈黄色，有臭味，植株死亡。5～9月份发病。在排水不良，低洼积水，根部出现伤口时容易发生。

防治方法

①种植前用生石灰或70％五氯硝基苯粉剂进行土壤消毒；

②及时清除病残体；

③选择地势较高、排水良好的地块栽培，及时排除积水；

④药剂防治：发病后用20％石灰水或50％退菌特600倍液进行土壤喷洒消毒。

## 371. 如何防止杏参常见虫害？

杏参的常见虫害为根结线虫病，由线形动物门根结线虫属的线虫侵染引起，根部、侧根和支根最易受害。发病初，侧根和支根上产生大小不等的虫瘿瘤，用针挑开，内有许多白色洋梨形雌虫。地上部出现生长缓慢，叶片褪绿，逐渐变黄，在天气干旱或浇水不及时时，常出现缺水萎蔫状。

防治方法

①实行与禾本科作物3～4年的轮作；

②秋季深翻地，及时清除病株，合理肥水，促进植物健

壮生长，增强抗性；

③利用无土育苗，防止秧苗带虫。

### ☞ 372. 怎样进行杏参的采收？

杏参一般于秋末地上部分枯萎后到土壤上冻前均可采收。采收时可直接将其肉质根挖出，将泥土抖净。

### ☞ 373. 杏参的膳食功效及营养成分是什么？

杏参具有清热、解毒、化痰的功效，是治疗喉痛、烦躁、干咳的佳品，对于慢性气管炎、腹痛、干渴等病症疗效显著。

杏参含有胡萝卜甾醇。每 100 g 鲜品种含维生素 $B_2$ 0.69 mg、维生素 C 112 mg。其嫩叶中还含有脂肪、纤维素、蛋白质、有机酸、钙、铁、磷等营养元素。

### ☞ 374. 怎样食用杏参？

多食用杏参肉质根，也可食用其嫩叶。

肉质根采挖洗净用开水焯至熟后，可与各种调味品凉拌；可与白薯、香米、肉丁煲粥；也可与乌鸡、鸭心等炖食。

## （三十二）面根藤

### ☞ 375. 面根藤有哪些别名？

面根藤（图 31）的别名有打碗花、小旋花、兔儿草、喇叭花、大碗花。

图 31　面根藤

## 376. 面根藤生长要求怎样的环境条件？

面根藤喜冷凉湿润的环境，耐热、耐寒、耐瘠薄，适应性强。冬季地上部分枯死，地下宿存的根状茎可在露地越冬。面根藤对土壤要求不严，以排水良好，向阳、湿润而肥沃疏松的沙质壤土的栽培最好，土壤过于干燥容易造成根状茎纤维化；土壤湿度过大，则易使根状茎腐烂。



## 377. 面根藤的繁殖方式有哪些？

种植面根藤可用种子繁殖，也可用地下茎繁殖。

**(1)种子繁殖**

面根藤在播种前先进行浸种催芽，一般用温水浸泡 5～8 h 后在 25～27℃催芽。种子发芽后，在整好的畦内按 8～10 cm行距开沟，将种子均匀撒入沟内覆土，稍加压实，使种子与土壤充分接触，以利于种子萌发。播种后应经常保持土壤湿润。若土壤干旱，播种后可用地膜覆盖，待种子萌发后，去掉地膜以防幼苗徒长。

**(2)地下茎繁殖**

在3月中下旬，植株未萌发新苗前，将其根状茎挖出，剪成8～10 cm的小段，每段必须有2～3个节，并留有须根。按行距15～20 cm开沟，沟深3～5 cm，将剪好的根状茎按10 cm的株距排放在沟内，覆土3～5 cm。稍加压实后覆土，保持土壤湿润。20天左右即可出苗。



## ☞ 378. 种植面根藤前应进行怎样的土壤准备?

面根藤的栽培田应选择土壤肥沃，灌溉方便，保水性能好的地块进行种植，也可利用靠近水边的地边进行种植。选好地后，在头茬作物收获后，与播种前1个月深翻晒土，结合翻地每667 $m^2$ 施入2 500～3 000 kg厩肥作为基肥，耙细整平，做成宽1.3～1.5 m的平畦。



## ☞ 379. 怎样进行面根藤的田间管理?

面根藤栽种后应经常保持土壤湿润，出苗后应经常除草松土，以免杂草生长过旺抑制幼苗生长。在茎叶生长旺盛期可追施人粪尿1次。当苗封垄后，为避免损伤幼苗，可不再进行中耕松土，随时拔除杂草，并注意经常浇水，一般7～10天浇1次，保持土壤湿润是提高产量和品质的关键。

## ☞ 380. 如何防止面根藤常见虫害?

面根藤的常见虫害为茎线虫病，由毁灭茎线虫引起，主要危害根状茎、茎蔓及秧苗。茎线虫的卵、幼虫和成虫可以同时存在于根状茎上越冬，也可以幼虫和成虫在土壤和肥料内越冬。秧苗根部受害，在表皮上生有褐色晕斑，秧苗发育不良，矮小发黄，后变为褐色干腐状。温暖、潮湿、疏松的沙质土利于线虫活动危害。

防治方法

①选用无病的根茎繁殖；

②药剂浸苗：用50%辛硫磷乳油100倍液浸10 min；

③药剂防治：5%涕灭威颗粒剂每667 $m^2$ 用2～3 kg，秧苗移栽时施入穴内，该药田间有效期50～60天，可有效防治线虫病的发生，并兼治其他虫害。



## 381. 怎样采收面根藤？

将面根藤的整株挖出，去掉地上部分及须根，洗净泥土。



## 382. 面根藤的膳食功效及营养成分是什么？

面根藤具有清热降压、滋阴补虚的功效，对于视力下降、慢性胃病、血压高等病症的治疗效果明显。

面根藤营养较丰富，含有淀粉及抗坏血酸、硫胺素、核黄素、铁、磷、钙、胡萝卜素等多种营养元素。

## 383. 怎样食用面根藤？

一般食用面根藤根状茎，也可食其嫩叶。

根状茎采收挖出以后洗净可以素炒；可与猪耳、豆腐、肉丝炖食；也可与糯米、红枣、豆沙等做成蒸糕蘸糖食用，味道极佳。嫩叶可炒食或与鱿鱼、海参等海鲜熬汤。

## (三十三)委陵菜

### ☞ 384. 委陵菜有哪些别名?

委陵菜(图 32)又叫蕨麻、人参果。

图 32 委陵菜

### ☞ 385. 委陵菜生长要求怎样的环境条件?

委陵菜喜温暖湿润的环境,耐瘠薄,耐旱,耐热而不耐寒。在空气较干燥、土壤湿润的环境中生长旺盛。委陵菜对土壤要求不严,以肥沃的沙质壤土为宜,要求阳光充足。栽培过程中,忌积水,以避免烂根。

### ☞ 386. 种植委陵菜前应进行怎样的土壤准备?

委陵菜的食用器官为其肉质根。因此,其栽培田应选土质疏松、土壤肥沃、灌溉便利的地块。选地后应先深翻土地，并结合翻地每 667 $m^2$ 施入腐熟的有机肥 3 000～4 000 kg，与土壤混匀翻入土中，将土块打碎整细，做成宽 30 cm、高 20 cm 的高垄，垄距 20 cm。



## 387. 怎样进行委陵菜的播种？

以委陵菜肉质根为食用器官，其播种方式一般采用直播。育苗移栽容易伤根，使肉质根发育畸形。播种前先进行浸种，一般用温水浸种 8～12 h，使种子充分吸水后即可播种。播种时先在垄顶按 10 cm 株距穴播，每穴播 2～3 粒种子，播后覆土，并稍加压实。播完后顺垄沟浇水，水量以浸透垄顶土壤为宜。适宜温度下，3～5 天即可出苗。

## 388. 怎样进行委陵菜的田间管理？

**(1)间苗、中耕、除草**

幼苗 1 或 2 片真叶时进行间苗。选生长健壮的植株每穴留 1 株，其余拔掉，然后进行浅耕，除草保墒，促使幼苗生长。



**(2)灌溉与追肥**

在委陵菜发芽期应视土壤墒情进行浇水，使土壤保持湿润疏松以利于种子发芽，保证苗齐、苗全。幼苗期前促后控，在肉质根开始膨大前应控制肥水管理，防止幼苗徒长。在肉质根开始膨大时是需肥需水的关键时期，应及时浇水，使土壤经常保持湿润。如果水分供应不足，容易使肉质根木质部木栓化，侧根增多；若浇水不均匀，则肉质根容易开裂。收获前 1 周停止供水。委陵菜应多次施速效肥料，如碳酸氢氨、硫酸铵、尿素等，共施 2 或 3 次肥，在肉质根开始膨大期第一次追肥，在半个月后第二次追肥。每次每

667 $m^2$施硫酸铵 10～15 kg，适当配合施用钾肥。再过15～20天进行第三次追肥，施用量可比前 2 次略少。

## 389. 如何防止委陵菜常见病害？

委陵菜的常见病害为霜霉病，为真菌性病害，可危害叶片及花梗。病菌以菌丝体或卵孢子越冬。开始时在叶片上出现不规则形褪绿，后变为紫红色或暗紫色。病斑逐渐向健康组织蔓延，病部与健部无明显界限。潮湿时，叶背病斑产生稀疏的白色或灰白色霜状霉层。其他部位的症状与叶片上的症状相似。发病严重时，叶片枯黄脱落。低温高湿，浇水过多，浇水后不及时通风排湿，氮肥施用过量均加重病害的发生。

防治方法

①人工栽植时，注意选择地块，增施有机肥。

②药剂防治：在发病初期，利用熏烟或喷粉。用 45％百菌清烟剂，每 667 $m^2$ 用药 250 g，于傍晚分几处点燃后，封闭棚室过夜。也可用 5％百菌清粉尘剂，每 667 $m^2$ 用药 250 g，于傍晚喷粉，每周进行 1 次喷粉防治。在发病初期，喷 25％甲霜灵可湿性粉剂 800 倍液，或 64％杀毒矾可湿性粉剂 500 倍液，或 75％百菌清可湿性粉剂 600 倍液，或 72％克露可湿性粉剂 500～700 倍液，或 58％甲霜灵锰锌可湿性粉剂 500 倍液等。每 5～7 天喷 1 次，连续 3 或 4 次，各种药剂应交替使用。

## 390. 如何防止委陵菜常见虫害？

委陵菜的常见虫害为野蛞蝓，俗称无壳蜒蚰螺、鼻涕虫等。野蛞蝓食性很杂，受害作物叶片被刮食，并被排泄的粪便污染，使菌类易侵入，造成叶片腐烂，7～9 月份危害较重。野蛞蝓怕光照，在强光下 2～3 h 即被晒死。其耐饥饿力很强，雨后地面潮湿，或夜间有露水时活动最盛，危害严重。

防治方法

①覆盖地膜。

②在棚室内放置瓦块、菜叶或扎成把的菜秆或树枝，太阳出来后野蛞蝓常躲藏在其中，可集中消灭。

③在棚室四周撒施石灰粉，形成封锁药带，阻止野蛞蝓进入。也可将氨水对成 70～100 倍液，将其消灭。

④药剂防治：危害严重时，每 667 $m^2$ 施用 6%密达颗粒剂 0.5 kg，均匀撒于地面，或以 0.8 m 左右的间隔堆放，每堆 1～2 g；或 8%灭蜗灵颗粒剂 1.5～2 kg，碾碎后拌细土或饼屑 5～7.5 kg。温暖天气、土壤表面较干燥时，于傍晚撒在受害植株附近的行间，2～3 天后接触到药剂的野蛞蝓死亡。





## ☞ 391. 怎样采收委陵菜？

在委陵菜开花前 1～2 周进行收获。将全株挖出，去掉地上部分老叶，将肉质根的泥土洗净，即可包装上市。

## ☞ 392. 委陵菜的膳食功效及营养成分是什么？

委陵菜具有益胃健脾、益气补血的功能，对于身体虚弱、乏力、咳嗽、便秘等病症有较好的疗效，特别对于小儿的厌食更是效果显著。

委陵菜的肉质根中，每 100 g 含脂肪 1.4 g、碳水化合物 2.7 g、蛋白质 11.7 g。此外，还含有粗纤维、维生素 $B_1$、钙、铁、烟酸等物质。其嫩茎叶中含胡萝卜素、维生素 $B_2$、维生素 C、抗坏血酸，其中维生素 C 高于其他许多蔬菜。

### ☞ 393. 怎样食用委陵菜?

委陵菜的主要食用部位为其肉质根，其次是其嫩茎叶。

委陵菜的肉质根采挖洗净后可与银耳、莲子、红枣煮食；可与香米、红薯、红豆等煮粥；可磨成粉后掺入面中做成各料主食，味道极佳；可与羊肉炖食；也可与瘦肉炒食。

其嫩叶可用开水烫后再用冷水泡去苦味，即可炒食。

## (三十四)百合

### ☞ 394. 百合有哪些别名?

百合(图 33)的别名有摩罗、百合蒜、夜合花。

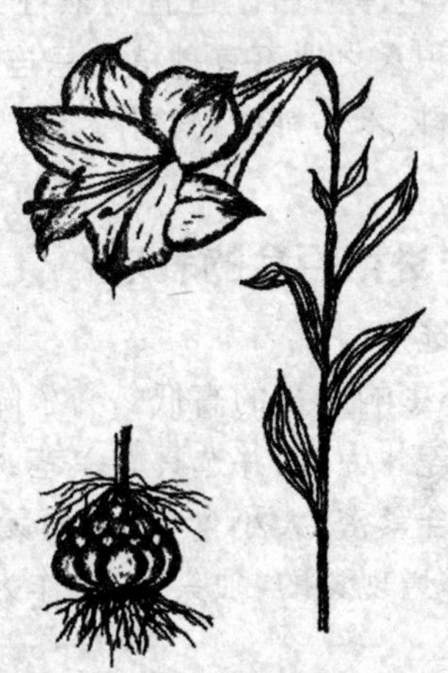

图 33　百合

## 395. 百合生长要求怎样的环境条件？

百合适应性较强，喜温暖湿润环境，稍冷凉地区也能生长。百合的地上茎不耐霜冻，地下鳞茎较耐寒，在土中越冬能耐－10℃低温。早春低温达3℃时，心芽开始萌动，8℃以上新苗开始出土。若气温低于10℃时，生长受抑制，生长最适温度为15～25℃，在(20±4)℃时生长最快。鳞茎肥大期的温度为23～25℃，开花期24℃以上，气温高于28℃时生长不良，33℃以上植株就会黄萎，甚至枯死。

百合喜干燥，怕炎热酷暑，怕涝。栽培百合一定要选择排水良好的地块，雨水多的地区，采取高畦栽培，百合对空气湿度反应不敏感，以干燥气候为宜，菜农对百合有“旱不死，怕水涝”的说法。

百合在土层深厚、肥沃疏松的沙质壤土中生长时，其鳞茎肥大，生长快，色泽洁白。适宜弱酸性到中性土壤，偏碱性或过黏、低洼积水之地不宜种植。忌连作，前茬以豆类作物较好，可与豆科、禾本科作物轮作。



## 396. 怎样进行百合的栽培？

**(1)种球的选择**

种球的大小影响产量的高低。为了降低成本而不影响产量，以选用中等球为宜，并选具有单茎鳞茎做种。要求种球鳞片洁白，抱合紧密，大小均匀，表面无污点，无病虫害，茎盘没有发生霉烂现象的“独头百合”作为种球。

**(2)栽植**

在我国北方百合一般在冻土前和早春解冻时进行栽植。按20～30 cm行距开沟，沟深10～12 cm，株距20 cm

左右。栽植点不易过高或过低，要求浇水时保持垄顶松软，以保证土壤水分，有利于生长。百合的产量与栽植密度成正比，但栽植密度大，用种量大、成本高。在种源充足时，适当密植可提高产量。一般情况下，每 667 $m^2$ 用 20～30 kg。百合除单独栽种外，还可在百合行间套种萝卜、芽菜、西瓜和花生等，也可在果园行间种百合。

## 397. 百合的繁殖方式有哪些？

百合主要采用鳞片、鳞茎繁殖及株芽繁殖，种子繁殖的方法不常用。不同的繁殖方式有其各自的培育方法。

**(1)鳞片的培育**

秋季百合地上部分枯黄后，采收充分成熟的鳞茎，用利刀将鳞片自基部切下，于 8～9 月间插入沙壤土苗床中，插植后经 15～20 天，从鳞片下端的切口处发生很小的鳞茎，鳞茎下生根，第二年春天小鳞茎发芽。可视其长势适量追肥，以促进鳞茎生长，秋季采收直径约为 10 cm 的小鳞茎，收后可按照株芽法培育成种球。

**(2)鳞茎的培育**

鳞茎繁殖时采用大鳞茎上分生的小鳞茎进行繁殖的方法。一般在挖掘大鳞茎时采收其上的小鳞茎进行播种，经一年良好的培育即可有一部分达到种球标准，较小的鳞茎需要继续培育。

**(3)株芽培育**

秋季在株芽成熟时进行采收，9～10 月份采用条播的方式播于苗床。行距 12～15 cm，株距 4～6 cm，覆土约 3 cm，再盖草。等第二年出苗时揭除草盖，并进行追肥，促使秧苗旺盛生长。秋季地上部枯萎后掘起鳞茎，行距

30 cm，株距 9～12 cm，播种覆土厚约 6 cm。第三年秋季收获时，一部分鳞茎即可长到种球标准，较小的鳞茎可继续培育 1 年。

**(4)种子培育**

秋季采收成熟种子，立即播入冷床中；冬季种子先长根，第二年春天出苗早、生长快。若第二年春天播种，则出苗迟，生长慢，而且出苗率低。出苗后要进行疏苗、追肥、除草等工作。秋季形成小鳞茎，这种鳞茎需经 4～5 年才可作为种球。

## ☞ 398. 种植百合前应进行怎样的土壤准备？

种植前深耕土地，同时每 667 $m^2$ 施厩肥 1 600～2 600 kg，发酵饼肥 67 kg，标准氮素化肥 15 kg，配施钙镁磷肥37 kg，硫酸钾 67 kg。将肥料均匀撒入百合田中，随整地深翻入土中，基肥和种球不能直接接触并按照不同的繁殖方法做畦。一般鳞片繁殖、小鳞茎繁殖、株芽繁殖等先将土地深翻，施入基肥后精耕细耙。做成宽 1 m 的高畦。种子繁殖采用平畦种植，利于浇水、保持土壤湿润，促进种子发芽。



## ☞ 399. 怎样进行百合的肥水管理？

百合在 9～10 月分栽植后，子鳞茎在土中越冬，第二年清明前后出土，入冬后进行追肥，一般用猪羊粪或腐熟的饼肥遍撒畦面。百合喜钾肥，增施钾肥可使百合增产 10％以上。春季百合出苗前基肥不足的地块应追施适量有机肥或复合肥，施后松土，结合清沟挖出底土盖于畦面。为提早出苗和促进幼苗生长，早春可盖地膜或用稻草进行地面覆盖以利于保持土壤湿润，起到灭草、防止地面板结的作用，出苗时破膜或去除稻草。苗高 20 cm 左右施追肥，促秧苗生长。收株芽和打顶后，如百合叶片变淡，应各追 1 次稀肥或叶部喷 0.2%磷酸二氢钾液或 0.1%钼酸铵液，防止植株早衰。百合是较耐旱的植物，需水量不多，干旱时鳞茎肥大期浇 2 或 3 次水。

5 月上旬百合植株叶腋间出现株芽，地下部也开始形成新鳞茎，这时适当控制营养生长，促进幼鳞茎迅速肥大。一般在株高 40～50 cm 时进行打顶，打顶应在晴天进行，有利于伤口愈合，防止病菌侵入。弱株打顶可迟些或仅摘去顶心，多留叶片，这样有利于光合产物的制造和积累。株芽出现后若不留种用，则应及时摘除，以免过多消耗养分，以促进鳞茎肥大；若留种用，待株芽成熟后收获。现蕾时摘除花蕾也可减少营养消耗，夏季高温时地面可用稻草等覆盖，以降低地温并保墒，间作时其他作物也可为百合降温遮阳。





## ☞ 400. 如何防止百合常见病害？

百合的常见病害为叶斑病，真菌性病害，主要危害植物的茎、叶。叶片受害时出现圆形病斑，微下陷，随着分生孢子的大量产生，病斑变为深褐色或黑色，以至叶片枯死。茎部出现病斑后，茎秆变细，严重时出现倒苗死苗。

防治方法

①栽培前选择无病、健壮的鳞茎，用新洁尔灭或福尔马林进行浸泡消毒；

②及时排除田间积水，降低田间湿度，保持植株通风透光；

③发病前及发病初期，喷 1∶1∶100 波尔多液或 65%

代森锌 500 倍液，每 7～10 天喷 1 次，连续 3 或 4 次，并可兼治鳞茎腐烂病。

## ☞ 401. 如何防止百合常见虫害？



百合的常见虫害为蚜虫，初夏时发生严重。以刺吸式口器吸食嫩茎、叶的汁液，使植株发生顶枯、畸形，同时还可传播病毒病等病害。

防治方法

用 50％抗蚜威可湿性粉剂 1 500～2 000 倍液喷治。

## ☞ 402. 百合采收时应注意些什么？

秋季待地上部完全枯萎后，鳞茎已充分成熟，选晴天掘起鳞茎，去掉茎秆、须根即运入室内，避免多照阳光引起鳞茎变色。由于市场需要而提早收获的鳞茎，因其地上部分养分未完全转运到鳞茎中去，故产量较低，而且产品易干瘪和腐烂。



用小鳞茎做种时，应于生长期在田间选发育良好、无病虫害的植株标志，待茎叶枯干后收鳞茎时，再选产量高、具有优良特征的小鳞茎供繁殖用。用株芽繁殖时应选生长良好的株芽，待株芽完全成熟后采收，并立即播种，也可把株芽或小鳞茎埋在清洁的河沙中储藏，防止干瘪。河沙也不可过湿，以免引起腐烂。

## ☞ 403. 百合的膳食功效及营养成分是什么？

百合有清热凉血、美容养颜的功效。可以促进人体新陈代谢、增强人体免疫力，对于高血压、慢性支气管炎、肺结核、贫血、各种癌症有较好的疗效 。

百合营养非常丰富，每 100 g 鳞茎含有蔗糖 10.5 g，还原糖 2 g，蛋白质 3.4 g，果胶 5.5 g，淀粉 11.5 g，脂肪 0.2 g，还含有水解秋水仙碱等多种生物碱。

### 404. 怎样食用百合？

百合食用部位是其地下鳞茎。采挖后将鳞茎洗净，剥去外层有损伤的鳞片后，再将肉质鳞片掰成瓣，可与山楂、核桃、杏仁、红枣、莲藕、荸荠等煮粥；可与生地黄、银耳、猪肺、田鸡、党参、龟肉、蛤肉等煲汤；可与瘦肉炒食；也可与蜂蜜、桂花、糖玫瑰等熬制成蜜汁。

## （三十五）牛蒡

### 405. 牛蒡有哪些别名？

牛蒡（图 34）又叫黑萝卜、山牛蒡、老母猪耳朵。

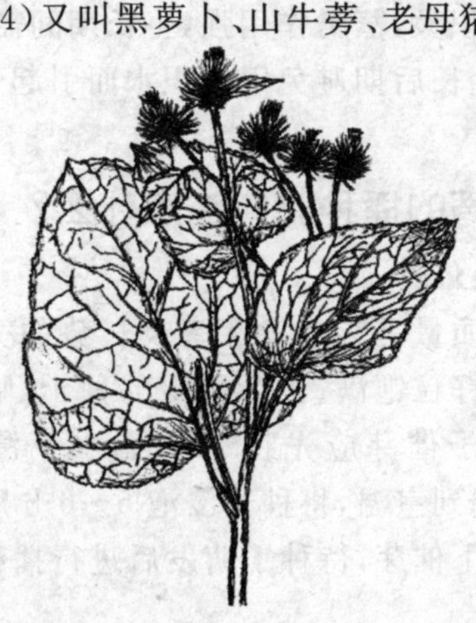

图 34 牛蒡

## 406. 牛蒡生长要求怎样的环境条件?

(1)温度

喜温暖、湿润和阳光充足的环境,适应性强;在高山、丘陵、低山均能种植,但在高山区种植生长缓慢,3 年以上才能开花结果。牛蒡植株生长适温为 20~25℃,较耐热,在 25℃下能正常生长,地上部遇 3℃低温时易遭受冻害而枯死。地下部耐寒力强,根能在气温－20℃的地区越冬。一定大小的幼苗经过较长时间的低温后在长日照和高温条件下抽薹开花。牛蒡喜强光,不宜在背阴处种植。

(2)土壤

牛蒡对土壤要求不严,但其肉质根长,入土深,要求土层深厚疏松。以深厚肥沃的沙质壤土为好,壤土中栽培的牛蒡肉质根表皮粗糙,肉质硬而香味差。

(3)水分



牛蒡叶面积大,蒸腾作用强,生长期间需水较多。肉质根不耐水涝,生长后期避免田间积水而引起烂根。

## 407. 牛蒡的播种时应注意什么?

(1)选种及催芽

牛蒡种子质量是影响发芽率及长势的关键因素,牛蒡播种前应选择籽粒饱满、含杂质少的种子,晒种 1~2 天后进行催芽。种子催芽应先在 50℃温水下浸泡,并不停搅拌,使温度下降到室温,将种子浸泡 5~6 h 后捞起洗净,在 25~27℃恒温下催芽,待种子萌发后进行播种。

(2)播种

我国北方地区牛蒡以春播为主,一般 3 月下旬至 5 月下旬播种。适当早播，叶部生长期长，光合产物积累多，肉质根产量高，空心发生少而迟，冬季不甚严寒的地区也可在9月中下旬播种。在已做好的垄面开3～4 cm深沟，条播或穴播，每垄2行，覆土2 cm，踩实后顺沟浇水。早播温度低时，可用地膜覆盖，也可支小棚防寒。干旱时，开沟播种可稍深，浇水后播种。若大面积种植时，可用带有种子的牛蒡播种机播种。

## ☞ 408. 种植牛蒡前应进行怎样的土壤准备？

牛蒡肉质根长，入土深，要求栽培田土层深厚疏松；因此牛蒡种植前应深耕土地，要求深耕50～60 cm，每667 $m^2$地施腐熟的有机肥5 000 kg，磷肥100 kg，钾肥30 kg作为基肥。结合耕地撒入土中，并与土壤混匀，整细耙平，做成高15～30 cm、宽60 cm的高垄。垄距约1.3 m。

## ☞ 409. 怎样进行牛蒡的田间管理？

牛蒡幼苗期或第二年春季返青后，应注意及时松土除草，避免杂草生长过盛抑制幼苗生长。牛蒡苗期不宜浇水过早、过多，以防肉质根分叉及根系浅。在1～3叶期间苗1次，减小营养竞争；4～5叶期定苗，一般株距10～20 cm。在肉质根肥大期应合理浇水，既要防止水大造成烂根，又要防止干旱缺水造成的糠心。中后期遇雨季时应及时排水，防止烂根。当株高30～40 cm时，距根部10～15 cm处开沟，追施复合肥15～20 kg，尤其是增施适量钾肥可以提高肉质根品质。肉质根肥大期再追1次肥，每667 $m^2$可施用腐熟的人粪尿素1 500～2 500 kg或硫酸铵8～10 kg，以促进肉质根肥大。后期可依据植株长势，在株间打孔注肥。

## ☞ 410. 如何防止牛蒡常见病害？

牛蒡的常见病害为褐斑病，真菌性病害，主要危害叶片。病原菌以分生孢子器在病叶上越冬。发病初期，叶片上产生黑褐色小点。随着病程的发展，小黑点逐渐发展成为圆形、多角形或不规则性病斑。病斑黑褐色至褐色，边缘明显，中央有类灰白色斑点。病斑周围淡黄色，有时多个小病斑连接形成一个不规则的大病斑。后期病斑上产生黑色小点，此病一般先从植株下部叶片发病，以后逐渐向上蔓延，最后全株发病。5 月上旬开始发病，7～9 月份为发病盛期，一直危害到收获期。

防治方法

①秋季地上部分枯萎时，及时割掉集中处理。第二年发芽前及时中耕，将病残体碎片埋入土中，减少病原菌的初侵染源。

②一般与禾本科植物轮作，轮作年限为 3～5 年。

③加强田间管理，及时排灌，配方施肥。

④药剂防治：在发病初期喷 1∶1∶200 波尔多液，每 10～15 天喷 1 次，连续 3 或 4 次；发病期间喷 75%百菌清可湿性粉剂 500～800 倍液或 50%代森锌可湿性粉剂 500 倍液，每 7～10 天喷 1 次，连续 2 或 3 次。

## ☞ 411. 如何防止牛蒡常见虫害？

牛蒡的常见虫害为长管蚜，又名红花长须蚜。以无翅胎生蚜在野生菊科植物上越冬。喜集中于植物上部的嫩茎、嫩叶上吸取汁液，使叶片卷缩，影响植物的生长发育。

防治方法

春季气温回升后，蚜虫扩散时用药剂喷施：

①50%抗蚜威可湿性粉剂 1 500～2 000 倍液喷治；

②用尿洗合剂（洗衣粉、尿素、水＝1∶4∶400）喷雾，每公顷用药 750～900 kg；

③2.5%鱼藤精 800～1 000 倍液晴天中午喷治。

## 412. 怎样进行牛蒡的采收?

春播牛蒡在 9 月中旬左右开始收获，11 月下旬收完，冬季不太严寒的地区，根可在土中越冬，一直可以收到第二年 4 月上旬。收时先割去叶片，留 15～20 cm 长的叶柄，从畦头开始与垄垂直深挖直到根底部，或在行间犁深 40～90 cm，挖出松土，握住茎基部，轻轻向上呈 75°角拔出，防止肉质根受损或折断。去掉须根和泥土，留 3 cm 长，切去残余叶柄。按大小分级，用软绳或稻草 2～3 kg 束成捆。储藏保鲜时可用纸包根，再装入薄膜袋扎紧，或将肉质根储藏在沙坑中，上面洒水，再盖膜保湿。秋播牛蒡第二年仲夏或秋季收获。

## 413. 牛蒡的膳食功效及营养成分是什么?

牛蒡有健脾胃、清热解毒的功效，可以改善人体新陈代谢，抑制癌细胞的扩散和滋生，对于血压高、糖尿病、类风湿性关节炎、胃癌、肺癌有较好的疗效。

牛蒡的肉质根含大量淀粉、蛋白质、糖类、酸、绿原酸、多种有机酸、醛等，还含有丰富的矿质元素，如铁、锰、铜、锌、钙等。其中的多炔物质和含硫的炔酸为其主要的功能因子。

### 414. 怎样食用牛蒡？

一般食用牛蒡肉质根。

其食用方法较多，可用水浸泡后制成咸菜；可用沸水焯熟后加调味料、熟芝麻等凉拌；可将其根磨成粉与玉米面一同蒸食；可裹鸡蛋面浆炸食；可与猪手、猪肠、五花肉炖食；与光鸡煲汤。

## （三十六）菊芋

### 415. 菊芋有哪些别名？

菊芋（图 35）又叫鬼子姜。

图 35　菊芋

### 416. 菊芋生长要求怎样的环境条件？

菊芋的适应性强，生命力旺盛，在温暖和较干旱的环境里生长良好。较耐干旱、耐寒、耐瘠薄，很容易发芽生长，块茎在6～7℃萌动发芽，8～10℃出苗，幼苗能耐1～2℃低温。18～22℃和日照12 h有利于块茎形成。块茎在－30～－25℃的冻土层中能安全越冬。在沙质土壤中块茎的产量较高。

## ☞ 417. 菊芋栽培时应注意什么？

菊芋一般于春季播种，穴播或条播，一般株行距均为50 cm。穴播时应先挖土堆，施基肥后播种，但基肥不宜过多，以免烧坏种块。播种深度约10 cm，播后覆土平穴。保持土壤湿润。

## ☞ 418. 菊芋繁殖方式有哪些？

菊芋以块茎繁殖。秋冬收获块茎后，选择20～25 g大小的块茎播种，块茎应无病虫害及机械伤害。若不能及时播种则应沙藏备种。也可于春季土壤解冻后挖取大小适当的块茎播种。

## ☞ 419. 种植菊芋前应进行怎样的土壤准备？

菊芋对土壤适应性强，但是在肥沃疏松的土壤中栽培能取得很高的产量。播种前应深翻晒土，使土壤松软透气，含热量多。结合整地，每667 $m^2$重施有机厩肥2 000～3 000 kg，也可将其中的一半撒施一半沟施。若土壤干旱，可在整地前先浇水做墒。

## ☞ 420. 怎样进行菊芋的肥水管理？

播种后约1个月出苗，齐苗后适当的追肥浇水，一水后即中耕除草，并培土成低垄，不太干旱时可不用再浇水，直到茎块膨大时再浇水，以土壤间干间湿为原则。如果茎叶生长过旺时，则应摘顶促使块茎膨大。

## 421. 如何防止菊芋常见病害?

菊芋的常见病害为菌核病，真菌性病害，主要危害植物的茎。病菌在病株残体或种子上越冬。发病初期，茎的中下部出现水渍状病斑，后逐渐变为灰白色。在潮湿的条件下，病部呈现软腐状，同时表面产生白色霉层。发病后期，发病部位的皮层霉烂成撕裂状，内有鼠粪状黑色菌核。在干燥的条件下，病菌在土壤中可长期存活。

防治方法

①在无病区或无病株上留种。播种前，种子用10%稀盐水浸洗，再用清水反复清洗干净。

②实行合理的轮作制度，与非豆科作物实行3年以上的轮作，与水生蔬菜或水稻实行1年轮作。



③在发病严重的保护地，在夏季高温季节可先灌水淹地，再封闭大棚，提高棚内湿度，用高温高湿来杀死土壤中的菌核。播种前，先盖地膜后播种。及时清除田间病株、病残体，将其带出田外进行深埋或烧毁。

④药剂防治：发病初期用50%扑海因可湿性粉剂1 000～2 000倍液，或40%菌核净可湿性粉剂1 000～1 500倍液，或50%多菌灵可湿性粉剂500倍液。每10～15天喷1次，连续3或4次。

## 422. 如何防止菊芋常见虫害?

菊芋的常见虫害为蛴螬，主要危害地下根状茎，咬断幼苗根茎，造成幼苗死亡，或啃食根茎，造成孔洞，影响植株长势及质量。同时伤口处易侵染其他病原物。

防治方法

①农业防治：秋季或春季深翻地，将部分成虫或幼虫翻至地表，使其冻死、风干或被天敌捕食、寄生及机械死伤。多施腐熟的有机肥，改良土壤结构，改善通透性，提供微生物生活的良好条件，使植物健壮生长，提高抗虫性。调整茬口，合理轮作。

②药剂诱杀：在成虫盛发期用 90%敌百虫 800 倍液喷杀，用 50%辛硫磷乳油拌种可消灭幼虫，药、水、种子的比例为 1∶50∶600。

③灯光诱杀：成虫盛发期，每 30 000 $m^2$ 用 40 W 黑光灯诱杀。

## 423. 怎样进行菊芋的采收?

秋季霜后收获，将块茎挖出后洗掉泥土后即可包装上市。

## 424. 菊芋的膳食功效及营养成分是什么?

菊芋具有开宣肺气、祛痰排脓的作用，对于外感风寒、咳嗽、咽喉肿痛、腹痛痢疾等病症有较好疗效。

菊芋营养较丰富，每 100 g 根状茎含蛋白质 0.6 g、脂肪 0.1 g、糖类 5.9 g、核黄素 0.06 mg，此外还含有钙、磷、铁。

## 425. 怎样食用菊芋?

一般食用菊芋根状茎，以秋季采收的块根体重质实，质量较好。

菊芋的吃法很多，可将洗净的菊芋根状茎，去皮撕条后与黄瓜丝、胡萝卜丝加调味料拌匀食用；可切片后与蒜茸清炒或与银耳炒食，口感极佳；也可浸泡切片后与酱油、辣椒粉、芝麻、糖、料酒等拌后在缸内制成酱菜。

## （三十七）沙参

### 426. 沙参有哪些别名？

沙参（图 36）又叫四叶沙参。

图 36　沙参

### 427. 沙参生长要求怎样的环境条件？

沙参喜温暖凉爽的气候及阳光充足的环境条件，耐旱。以富含腐殖质、肥沃及排水良好的壤土及沙质壤土为佳。

## ☞ 428. 种植沙参前应进行怎样的土壤准备？

沙参为深根性植物，选向阳、排水良好、土层深厚、富含腐殖质的壤土或沙质壤土为种植地。施足底肥，每 667 $m^2$ 施腐熟的有机肥 2 500 kg，过磷酸钙 20 kg，尿素 10 kg。施肥后深翻 20～30 cm，耙细整平，作畦 1.2 m 宽。也可做成 1 m 宽的高畦。

## ☞ 429. 怎样进行沙参的种子处理？

沙参的种子需经过低温沙藏才能打破休眠，种子采收后，将种子和沙土按 1∶1 比例混合，保持湿润，堆放在背阳处用草苫覆盖，待第二年春天将种子筛出即可播种。

## ☞ 430. 怎样进行沙参的播种？

沙参的商品器官为其肉质根，因此适于直播，但也可育苗移栽，直播一般在 3 月下旬至 4 月上旬播种，播前在畦面开 1 cm 深的浅沟，间距 15～25 cm，将种子均匀撒入沟中，覆一层细土，稍加镇压后浇水保湿。可盖地膜防止土壤板结。

为保证出苗整齐，可选用育苗移栽的方式，3 月上旬开始在保护地育苗。播前，苗床要耙细整平，条播或撒播均可，播后覆土 0.5～1 cm，稍加镇压后浇水、保湿。保持土壤温度在 20～30℃条件下，7～10 天即可出苗。

## ☞ 431. 怎样进行沙参的定植？

直播苗于高 5 cm 时疏弱留强，当苗高 10 cm 左右时按株行距 15 cm×20 cm 定苗。同样，育苗移栽者于苗高 10 cm 左右时定植于大田。定植起苗时应带土坨，以免伤根过多，影响肉质根品质。

## 432. 怎样进行沙参的肥水管理?

沙参生长前期生长量小，需水需肥量小，视土壤墒情及肥力状况可适量浇水和施少量速效氮肥，促其发棵。在肉质根膨大期需肥需水量增加，一般每 7～10 天浇水 1 次，每次可随水施肥 1 次，一般每 667 $m^2$ 施过磷酸钙 20～30 kg，硫酸钾 10～15 kg，促进肉质根生长。

## 433. 如何防止沙参常见病害?

沙参的常见病害为根腐病，又名烂根，为真菌性病害，主要危害根部。发病初期叶面出现褐斑，茎基部变为褐色，水浸状。以后根尖、须根发黑、腐烂，主根呈锈黄色，有臭味，植株死亡。5～9 月份发病，在排水不良、低洼积水、根部出现伤口时容易发生。

防治方法

①种植前用生石灰或 70%五氯硝基苯粉剂进行土壤消毒；

②及时清除病残体；

③选择地势较高、排水良好的地块栽培，注意及时排除积水；

④药剂防治：发病后用 20%石灰水或 50%退菌特 600 倍液进行土壤喷洒消毒。

## 434. 如何防止沙参常见虫害?

沙参的常见虫害为蛴螬，主要危害地下根状茎，咬断幼苗根茎,造成幼苗死亡,或啃食根茎,造成孔洞,影响植株长势及质量。同时伤口处易侵染其他病原物。

防治方法

①农业防治:秋季或春季深翻地,将部分成虫或幼虫翻至地表,使其冻死、风干或被天敌捕食、寄生及机械死伤;多施腐熟的有机肥,改良土壤结构,改善通透性,提供微生物生活的良好条件,使植物健壮生长,提高抗虫性;调整茬口,合理轮作。

②药剂诱杀:在成虫盛发期用 90%敌百虫 800 倍液喷杀,用 50%辛硫磷乳油拌种可消灭幼虫,药、水、种子的比例为 1∶50∶600。

③灯光诱杀:成虫盛发期,每 30 000 $m^2$ 用 40 W 黑光灯诱杀。

④人工捕杀。

## 435. 怎样进行沙参的采收?

一般于秋末地上部分枯萎后到土壤上冻前均可采收。采收时可直接将其肉质根挖出,将泥土抖净,即可包装上市。

## 436. 沙参的膳食功效及营养成分是什么?

沙参有清热凉血、利水祛湿和中益胃的作用,对于糖尿病、浮肿、小便不利等病症有良好的功效。

沙参营养丰富,每 100 g 茎叶中含烟酸 2.5 mg,胡萝卜素 5.67 mg,维生素 C 98 mg,钙 579 mg,磷 95 mg。每 100 g 鲜根中含碳水化合物 19 g,脂肪 1.8 g,粗纤维5.7 g,蛋白质 0.79 g。

### ☞ 437. 怎样食用沙参?

沙参的食用部位为其肉质根。

肉质根采挖后洗净撕成细丝后,可与肉丝、胡萝卜等炒食,可生食蘸酱,也可与排骨、骨髓、银耳、田鸡等煲汤。

## (三十八)地榆

### ☞ 438. 地榆有哪些别名?

地榆(图 37)的别名有黄瓜香、山地瓜、满山红。

图 37　地榆

### ☞ 439. 地榆生长要求怎样的环境条件?

地榆喜温暖湿润的环境,耐瘠薄,耐旱,耐热而不耐寒。在空气较干燥、土壤湿润的环境中生长旺盛。地榆对土壤要求不严，以肥沃的沙质壤土为宜。要求阳光充足。

### ☞ 440. 种植地榆前应进行怎样的土壤准备？

地榆的食用器官为其肉质根。因此，其栽培田应选在土质疏松，土壤肥沃，灌溉便利的地块种植。选地应先深翻土地，并结合翻地每 667 $m^2$ 施入腐熟的有机肥3 000～4 000 kg，与土壤混匀翻入土中，将土块打碎整细，做成30 cm宽、高 20 cm 的高垄，垄距 20 cm。

### ☞ 441. 怎样进行地榆的肥水管理？

地榆在发芽期应视土壤墒情进行浇水，使土壤保持湿润以利于种子发芽，保证苗齐、苗全。幼苗期前促后控，在肉质根开始膨大前应控制肥水管理，防止幼苗徒长。在肉质根开始膨大时是需肥需水的关键时期，应及时浇水，使土壤经常保持湿润。如果水分供应不足，容易使肉质根木质部木栓化，侧根增多；若浇水不均匀，则肉质根容易开裂。收获前 1 周停止供水。应多次施速效肥料，如碳酸氢氨、硫酸铵、尿素等，共施 2 或 3 次肥，在肉质根开始膨大期第一次追肥，在半个月后第二次追肥。每次每 667 $m^2$ 施硫酸铵10～15 kg，适当配合施用钾肥。再过 15～20 天进行第三次追肥，施肥量可比前 2 次略少。

### ☞ 442. 如何防止地榆常见病害？

地榆的常见病害为白粉病，为真菌性病害，主要危害叶片及花柄。病菌以菌丝体在病芽和病叶上越冬，有时也可以闭囊壳的形式越冬。叶片发病初期，叶片背面出现白色粉状物，叶片下面逐渐变成淡黄色斑，嫩叶受害皱缩、卷曲，有时变成紫红色。严重时，全叶被白粉层覆盖，叶片枯萎脱落。叶柄受害，病部略膨大，并产生弯曲。受害部位均布满白色粉层，后期白粉层中有时产生小黑点，病菌对湿度的适应性强，高湿和干旱均可侵染危害，在空气湿度高的条件下发病更重，植株过密，光线不足，通风不良，闷热或温度忽高忽低等，均有利于发病。

防治方法

①人工栽植时，应合理施肥，避免偏施氮肥，适当增加磷、钾肥，促进植株生长，增强抗病力。

②收获后要注意清洁田园，病残体要集中深埋或烧毁。

③药剂防治：发病初期，喷 25%粉锈宁可湿性粉剂 2 000 倍液，或 15%粉锈宁可湿性粉剂 1 000 倍液，或 50%甲基托布津可湿性粉剂 800 倍液，或 70%甲基托布津可湿性粉剂 1 000～1 200 倍液等。

## 443. 如何防止地榆常见虫害？

地榆的常见虫害为野蛞蝓等。野蛞蝓食性很杂，受害作物叶片被刮食，并被排泄的粪便污染，使菌类易侵入而使叶片腐烂，7～9 月份危害较重。野蛞蝓怕光照，在强光下 2～3 h 即被晒死。其耐饥饿力很强，雨后地面潮湿，或夜间有露水时活动最盛，危害严重。

防治方法

①覆盖地膜。

②在棚室内放置瓦块、菜叶或扎成把的菜秆或树枝，太阳出来后它们常躲藏在其中，可集中消灭。

③在棚室四周撒施石灰粉，形成封锁药带，阻止野蛞蝓

进入。也可将氨水对成 70～100 倍液，将其消灭。

④药剂防治：危害严重时，每 667 $m^2$ 施用 6%密达颗粒剂 0.5 kg，均匀撒于地面，或以 0.8 m 左右的间隔堆放，每堆 1～2 g；或 8%灭蜗灵颗粒剂 1.5～2 kg，碾碎后拌细土或饼屑 5～7.5 kg。温暖天气、土壤表面较干燥时，于傍晚撒在受害植株附近的行间，2～3 天后接触到药剂的蛞蝓死亡。

## 444. 地榆的膳食功效及营养成分是什么？

地榆具有凉血、清热解毒的功效，对于崩漏、肠风、痔漏、湿疹、烧伤等症疗效较好。

每 100 g 嫩叶中含粗蛋白 3.8 g，粗脂肪 0.9 g，碳水化合物 0.59 g，粗纤维 1.6 g，胡萝卜素 8.24 mg，维生素 $B_2$ 0.59 mg，维生素 C 216 mg。此外，还含有钠、铁、锰、锌等多种元素及鞣酸和榆皂苷等。

## 445. 怎样食用地榆？

一般食用地榆嫩茎。

食用时一般先用沸水焯后换清水浸泡 1 天，去掉苦味。可与各种调料凉拌；可与猪大肠、白头翁等炒食；可与糯米、苋菜等煲汤；可与盐、醋、辣椒等腌酸菜。

注意：虚寒者忌服。

# （三十九）天冬

## 446. 天冬有哪些别名？

天冬（图 38）又叫天门冬、明天冬。

图 38　天冬

## 447. 天冬生长要求怎样的环境条件？



天冬喜较温暖、湿润的气候，不耐严寒，在华北不能越冬，多种在比较温暖的地区。怕强光直射，尤其幼苗期一经烈日照射，茎梢枯黄。因此，在夏季应与高秆的粮食、林木或其他药材间作。土壤以深厚、肥沃的沙壤土较好，重黏土不宜栽培。

## 448. 天冬的繁殖方式有哪些？

天冬的繁殖方法有种子繁殖和分株繁殖 2 种。

**(1)种子繁殖**

9～10 月份，果实由绿色变成红色时采收。堆积发酵后，选粒大而充实的作种。采种后不宜干燥，应保存在低温湿沙中，播种时再取出，种子寿命约为 1 年。播种时期分春播和秋播。秋播在9月上旬至10月上旬，秋播发芽率高，占地时间长，管理费工。春播在3月下旬，占地时间短，管理方便。播种方法在畦内按沟距20～23 cm开横沟，沟深4～6 cm，播幅约10 cm，播时把种子筛出，均匀地撒在沟里。每667 $m^2$ 用种子15～18 kg。播后盖堆肥或草木灰，再盖细土与畦面齐平，上面再盖稻草保湿，温度为17～20℃，并有足够的湿度时，播后18～20天出苗。发芽后揭去盖草，在幼苗开始出土时要搭棚遮阳，也可在畦间间作玉米等作物遮阳，经常保持土壤湿润。在苗高3 cm左右时要拔草施肥，秋季再行浅锄施肥，肥料以人畜粪水为主。每次每667 $m^2$ 施用1 000～1 500 kg。

幼苗生长一年后定植，一船在秋季10月份或春季未萌芽前进行，也可在幼苗高10～12 cm时带土定植。栽于耕地或林间。起苗时，每株幼苗应有块根2或3个，过少或无块根的，可留在苗床内再培育1年。然后按大小分级，分别栽植。栽时按行距50 cm，株距20 cm开穴，先栽2行天冬，预留间作行距50 cm左右，再栽2行天冬。栽时要把块根向四面摆匀，并盖细土压紧，盖土深度5 cm左右。在预留的行间，每年都可间种玉米或蚕豆。

**(2)分株繁殖**

采挖天冬时，将健壮母株分成数株，每株至少带有1芽和2～3个小块根作为种苗，栽植方法与育苗定植相同。

## ☞ 449. 种植天冬前应进行怎样的土壤准备?

种植天冬以土层深厚、富合腐殖质的土壤为好。如种在林地应选混交林或稀疏的阔叶林。因林地土壤多深厚肥沃并且湿润疏松。松林和黏重土不宜栽培。若种在耕地内就需与其他作物间作。播前深翻土地，施足基肥，每667 $m^2$施厩肥2 500～3 000 kg，整细耙平后，做成133 cm左右宽的平畦，在南方多做成高畦。

## 450. 怎样进行天冬的田间管理？

天冬栽后及生长期视天气情况，干旱及时浇水，雨季注意排涝。施肥可结合中耕除草进行，第一次为3～4月份，第二次为6～7月份，以施人畜粪尿为主；第三次为9月份，以施土杂肥为主。第二年开春后每667 $m^2$追施厩肥2 500～3 000 kg，在行间开沟施入，覆土浇水。第二、三次追肥与第一年相同。

当茎蔓长到50 cm左右时，要设支架或支柱，让藤蔓缠绕生长，以防倒伏，便于田间管理与间作。

## 451. 如何防治天冬常见病害？



天冬的常见病害为黑斑病，主要为害叶片。被害叶尖端开始发黄变褐，逐渐向叶基蔓延，病斑灰褐色，病健部交界处紫褐色。有时叶片上产生水渍状褪绿斑或灰白色至灰褐色等不同颜色相间的病斑。后期全叶发黄枯死。

病原菌为交链孢属真菌，属半知菌亚门。病菌以菌丝或分生孢子在枯叶及种苗上越冬，第二年4月中旬开始发病。病害的发展与湿度关系密切，雨季发病较重。植株长势差、衰老叶片易诱发病害。田间有明显的发病中心，温湿度条件适宜时流行快，常成片枯死。7～8月份发生严重。

防治方法

①选用叶色翠绿、健壮的无病种苗作种栽，移栽时用50％代森锰锌500倍液浸根5 min。

②拔除中心病株，补上健苗，并喷洒1∶1∶100波尔多液或50%多菌灵300倍液。

③发病普遍的地块割去发病部分后重施肥料，促进植株重新抽出新叶，再喷洒1∶1∶100波尔多液、50%扑海因600倍液各1次，间隔15天。

## ☞ 452. 如何防治天冬常见虫害?

天冬的常见虫害为蛴螬，主要危害地下根状茎，咬断幼苗根茎，造成幼苗枯死，或蛀食根状茎，造成伤口或孔洞，使植株生长衰弱，影响产量和品质。此外，蛴螬造成的伤口使病菌易于侵染，进而诱发其他病害。成虫金龟子主要危害地上部的叶片及花。

防治方法

①农业防治：秋季或春季深翻地，将部分成虫或幼虫翻至地表，使其冻死、风干或被天敌捕食、寄生及机械死伤；多施腐熟的有机肥，改良土壤结构，改善通透性，提供微生物生活的良好条件，使植物健壮生长，提高抗虫性；调整茬口，合理轮作。

②药剂诱杀：在成虫盛发期用90%敌百虫800倍液喷杀，用50%辛硫磷乳油拌种可消灭幼虫，药、水、种子的比例为1∶50∶600。

③灯光诱杀：成虫盛发期，每30 000 $m^2$ 用40 W黑光灯诱杀。

④人工捕杀。

## ☞ 453. 天冬采收时应注意些什么?

定植后2～3年就可采收，若种植4～5年收获，产量更高。当年9月份到第二年早春未萌芽前，割去蔓茎，挖出全株，剪下快根，将粗3 cm以上块根包装上市，留种根及小块根作繁殖材料。种植4～5年后，每667 $m^2$ 可收鲜块根2 500～4 000 kg。

加工：洗去泥沙，放在沸水内煮12 min左右(易剥皮时即可)，剥去外皮，用无烟煤火炕到八成干时，再用硫黄熏10 h后，再晒至全干，鲜根加工的折干率9%～10%。用竹篓或木箱内垫防潮纸包装储运，防止受潮发霉、鼠耗和虫蛀。



### 454. 天冬的膳食功效及营养成分是什么?

天冬具有润燥滋阴、清心降火的效用，对于咳嗽失血、小肠偏坠等症有显著疗效。

天冬营养丰富，每100 g可食部分含蛋白质1.4 g，脂肪0.2 g，糖类7.4 g，粗纤维1.3 g，钙21.8 mg，磷24.5 mg，铁7.5 mg，胡萝卜素0.3 mg。



### 455. 怎样食用天冬?

天冬的食用部位为其嫩茎。

天冬的食用方法较丰富，可以与脱骨猪肘炖食；可与粳米煮粥；可切碎后与猪肉馅、冬笋、葱头、鸡蛋等做馅制成烧麦。

## (四十)虎杖

### 456. 虎杖有哪些别名?

虎杖(图39)又叫山大黄、活血龙。

图 39　虎杖

## 457. 虎杖生长要求怎样的环境条件?

虎杖适应性广,喜温和湿润环境,不怕涝,耐寒。对土壤要求不严,一般土壤均可栽培,但以疏松肥沃的地区生长较好。



## 458. 虎杖的繁殖方式有哪些?

虎杖用种子和分根 2 种方式进行繁殖。

**(1)种子繁殖**

可直播或育苗定植。

直播:北方 4 月份播种,条播或穴播,穴播穴距 33 cm,每穴播种 4～5 粒,覆土约 14 cm。

条播:按行距 33～50 cm 开浅沟播种,播后覆土浇水,10～15 天出苗。

育苗:在北方地区于 3～4 月份播种,播前先将苗床浇水，水渗下后撒播或条播，覆细土 1.2～1.5 cm，经常保持土壤湿润，幼苗出土后，过密处宜行间苗，并注意除草，当苗高 6～9 cm 时定植，行距 66 cm，株距 33 cm，定植时应注意将周围土压实，浇水。

**(2)分根繁殖**

春季返青前，将母株刨出，把根头分开，每根上带 1 或 2 个芽，按行距 66 cm 开沟，沟深 9～12 cm，然后把根芽排放于沟内，覆土压实，土壤潮湿可不浇水。



## ☞ 459. 种植虎杖前应进行怎样的土壤准备？

种植虎杖可选沟旁、溪谷边或房前屋后的边角隙地栽培，先施入基肥，将地翻松，耙平做畦。

## ☞ 460. 怎样进行虎杖的田间管理？



要求在苗高 6～9 cm 时进行定苗，每穴留壮苗 1～2 株。每年春季土壤解冻后，每 667 $m^2$ 施厩肥 2 500～3 000 kg，均匀撒开，使土、肥混合均匀。

## ☞ 461. 如何防治虎杖常见虫害？

虎杖的常见虫害有蚜虫、矩角尺蠖、叶蜂。

**(1)蚜虫**

蚜虫危害作物时，主要以成虫或若虫群集在幼苗、嫩叶、嫩茎和近地面叶上，以刺吸式口器吸食植物的汁液。由于蚜虫的繁殖力大，群集进行危害，造成叶片严重失水和营养不良，使叶面卷曲皱缩，此外蚜虫还可以传播多种病毒。在一年中，春季和秋季是蚜虫的大发生期，夏季发生较少。

防治方法

①选用抗虫品种。

②及时清除田间杂草，尤其是在初春和秋末除草。生长期拔除蚜虫较多的苗。

③利用捕食性天敌，如七星瓢虫、十三星瓢虫、大草蛉、大绿食蚜蝇等；寄生性天敌，如蚜茧蜂；微生物天敌，如蚜霉菌等。

④利用防虫网。

⑤适当提前播种期，使受害期在植株长大以后。

⑥在田间挂银灰色塑料条，或铺银灰色地膜，或插银灰色支架，利用蚜虫对银灰色的负趋性，趋避蚜虫。

⑦在田间插 50 cm×20 cm 的黄板，上涂机油，或在木板上涂抹黄油，用以粘杀蚜虫。

⑧药剂防治：用 50%避蚜雾可湿性粉剂或水分散粒剂 2 000～3 000 倍液，或 70%灭蚜松可湿性粉剂 2 500 倍液等进行喷雾，可在不伤害天敌的情况下防治蚜虫。

**(2)矩角尺蠖**

以幼虫咬食叶片，形成缺刻。

防治方法：幼虫幼龄期喷 2.5%鱼藤精 400～600 倍液，或 90%敌百虫 800 倍液。

**(3)叶蜂**

7 月份发生为害，以幼虫咬食叶片，形成缺刻，主要咬食嫩叶。

防治方法：人工捕杀，或喷 90%敌百虫 800 倍液。

## 462. 虎杖的膳食功效及营养成分是什么？

虎杖具有祛风利湿、破瘀的功效，可治疗风湿筋骨疼痛、湿热黄疸、跌打损伤、烫伤等症。

每 100 g 虎杖鲜茎中含粗蛋白 2.9 g，粗脂肪 0.49 g，粗纤维 2.07 g，胡萝卜素 3.89 mg，维生素 $B_2$ 0.09 mg，维生素 C 105 mg。另外，还含有虎杖苷、大黄素、大黄酚等物质。

### 463. 怎样食用虎杖？

多食用虎杖嫩茎。

虎杖的嫩茎须先用开水焯一下，再在清水浸泡后，可与肉丝、胡萝卜丝等炒食；可与甲鱼、鲫鱼、香菇等煲汤；可用盐、糖、辣椒等调料腌制成咸菜。

## （四十一）野胡萝卜

### 464. 野胡萝卜有哪些别名？

野胡萝卜（图 40）又叫山萝卜。

图 40　野胡萝卜

## 465. 野胡萝卜生长要求怎样的环境条件?

野胡萝卜要求以下的环境条件:

**(1)温度**

野胡萝卜性喜冷凉,对温度要求与萝卜相似,但耐热性及耐寒性均比萝卜稍强,可以比萝卜提早播种和延后收获。种子在4~6℃就可萌动,但发芽较慢,发芽最适温为20~25℃,幼苗期及叶片生长盛期的适温为23~25℃,幼苗能耐短时间-4~-3℃的低温和27~30℃的高温干燥气候。肉质根肥大期的适温是13~20℃,3℃以下停止生长,较大的昼夜温差有利于叶片同化产物向肉质根的积累。据崛山(1970)的观察,认为昼温18~23℃,夜温13~18℃对肉质根肥大最为有利。野胡萝卜开花结实期的适温是25℃左右。生长期间适宜的温度为18℃。

**(2)光照**

野胡萝卜属于长日照作物,生长期间要求中等光强。光照不足,会引起叶柄伸长,叶片变小,下部叶片提早枯黄,植株生长势弱,同化量减少,肉质根膨大受抑制。

**(3)水分**

野胡萝卜根系发达,能利用深层土壤水分。侧根多,叶面积小,为根菜类中耐旱性最强的蔬菜,但过于干燥对肉质根的发育也不利,同时容易产生糠心等。此外,前期水分过多时,地上部生长过旺,影响以后直根生长;后期多湿会造成肉质根表皮粗糙,次生根的发根部突出,因此野胡萝卜栽培中遇干旱时仍须灌溉,同时又不能供水过多,防止徒长,保持田间最大持水量的60%~80%为宜。

**(4)土壤和养分**

野胡萝卜在土层深厚、富含腐殖质、排水良好的沙质壤土中生长良好。土壤坚硬、肥力不匀时易产生裂根和叉根等。在营养生长期间，播种后的2个月生长缓慢，仅能吸取很少养分，但后半期肉质根急剧膨大，同时养分吸收急剧增加。据测定，每5 000 kg野胡萝卜中含氮16 kg、磷6.5 kg、钾25 kg，因此施肥时除了满足氮肥的需要外，还应注意磷、钾肥的配合施用，尤其是钾肥，对野胡萝卜肉质根肥大作用明显。野胡萝卜对于土壤溶液浓度敏感，在幼苗期土壤溶液浓度不宜高于0.5%，成长的植株适应的溶液浓度最高为1%，施肥时切忌浓度过高。

## ☞ 466. 野胡萝卜适宜的栽培季节是什么时候?

野胡萝卜的生长期为90～120天，幼苗生长缓慢，一般比萝卜提早播种和延后收获。播种过晚，影响产量，如在西北等地“七大八小九丁丁”的农谚就揭示了播期与产量的关系。在西北和华北地区，多在7月上旬到7月下旬播种，10月底至11月上、中旬上冻前收获完毕。东北及高寒地区则提早到6月份开始播种，秋季收获。

## ☞ 467. 种植野胡萝卜前应进行怎样的土壤准备?

野胡萝卜适宜的前茬作物是早熟甘蓝、黄瓜、番茄、洋葱和大蒜等。此外，大田作物中的小麦、大麦、豌豆等也是适宜的前茬作物。野胡萝卜也可与玉米等高秆作物间作，利用高秆作物遮阳，降低田间温度，利于肉质根生长，粮菜兼收。栽培野胡萝卜选地整地的要求是：

①选择土层深厚，疏松透气，能排能灌的沙质壤土。在这样的土壤中，形成的肉质根颜色鲜嫩，侧根少，皮光滑，质

脆；否则，产量低，外皮粗糙，色淡，根小。

②深翻晒土：野胡萝卜与萝卜相比肉质根入土比例较大，加之幼苗期正值高温多雨季节，幼苗生长比较缓慢，容易滋生杂草，除草不及时易发生草荒，因此土壤须深翻30 cm 以上，既有利于肉质根正常肥大，又可消灭杂草。同时结合深翻进行晒土。前茬收获后最好能留有一定的备耕时间。

③细耙整平：野胡萝卜种子出苗困难，而且根系伸展范围大，对土壤深层养分、水分利用能力强。土壤深翻后可多耙几次，整平，否则出苗率低。心土坚硬时还易发生叉根以及表皮粗糙等不良的商品性状。

④重施基肥：野胡萝卜肉质根的充分肥大需有足够的养分供应，结合土地深翻，每 667 $m^2$ 施入腐熟有机肥 3 000～5 000 kg。基肥中每 667 $m^2$ 还可掺入 7.5～10 kg 速效性氮，以利幼苗茁壮生长和肉质根的正常发育。有机肥要充分腐熟，而且基肥要施匀，否则会出现肥多而损伤主根，引起叉根等不良现象。

⑤做畦：野胡萝卜既可平畦栽培，也可高垄栽培，依据各地光照、降水等情况具体确定，高垄栽培时垄距约为 50 cm。

## ☞ 468. 野胡萝卜选种、播种时应注意些什么？

野胡萝卜种子本身发芽率低，出苗困难。这主要是由于：

①野胡萝卜种子为双悬果，果皮厚，外面又有刺毛，果皮还含有挥发油，种皮革质，因此种子吸水、透气能力均差。

②春季播种时外界温度低，夏季播种后天气炎热，蒸发量大，土温高，易干燥，因此在野胡萝卜播种后难以长期维

持适于其发芽出土的条件。

③野胡萝卜种子无胚乳，胚又很小，在种子形成时，受外界不良气候的影响，常常又会形成无胚或胚发育不良的种子。因此种子生长势弱，发芽困难。

④野胡萝卜种子收获后要经过一段时间后熟，而且野胡萝卜种子又有休眠的特性，采用当年收获的新种子播种，常由于种子后熟不足或休眠未被打破，导致出苗困难。使用隔年陈种子时，发芽率降低。因此生产上一定要狠抓野胡萝卜苗齐、苗全，为野胡萝卜丰产打好基础。

⑤选择质量可靠的种子：首先要选择适宜本地区以及栽培季节的品种，种子质量可靠，籽粒饱满。使用新种子时，必须经过充分后熟而且休眠已过；使用陈种子时，种子必须是在良好的条件下储存的。此外，随着科技的发展，野胡萝卜生物技术种子逐渐趋于成熟，采用生物技术种子播种后出备齐、全、壮。

⑥提高播种质量：一般情况下每 667 $m^2$ 播种量为 1～1.5 kg。依据种子发芽率以及品种类型、土壤状况等进行适当调整。播前搓去种子上刺毛以利吸水。播种时在种子中加入 2%～5%的小白菜种子一同播下，可起到遮阳和防止雨后板结的作用。既可平畦撒播，也可高垄条播。平畦撒播时，畦宽 90～100 cm，高垄条播时垄宽 50 cm 可条播 2 行，播种深度 1.5 cm 左右。野胡萝卜种子上有刺毛，覆土后种子与土壤结合不紧密，因此覆土后应镇压。有些地区采用脚并脚的方法在田间行走镇压。

⑦加强播种后管理：夏季气候炎热，蒸发量大，土温高，易干燥，为了保证野胡萝卜出苗齐而全，可采用柴草遮阳、勤浇水等方法降低土壤温度，保持土壤湿润，使土壤湿度保持在 65%～80%。农谚“三水齐苗”的道理就在于此。

## ☞ 469. 怎样进行野胡萝卜的田间管理?

**(1)间苗、中耕、除草**

1 或 2 片真叶时第一次间苗,株距3 cm。而后在行间浅锄,除草保墒,促使幼苗生长。第二次间苗在 3 或 4 片真叶时,4 或 5 片叶定苗,中小型品种株距为 10 cm,大型品种株距为 13～15 cm,并进行第二次中耕。

野胡萝卜幼苗期容易出现草荒,除中耕除草外,还可用除草剂。每 667 $m^2$ 用 25% 除草醚 0.75～1 kg,稀释 120～200 倍在播种后和出苗前喷雾处理土表。也可用除草剂一号或扑草净等。

**(2)灌溉与追肥**

野胡萝卜发芽期要浇 2 或 3 次水,使土壤湿润松软以利种子发芽,保苗齐、苗全。幼苗期前促后控,"定橛期"后,肉质根根头部粗度大约与手指相当时,是肉质根生长最快的时期,应及时浇水,使土壤经常保持湿润。如果水分供应不足,容易使肉质根木质部木栓化,侧根增多;如果前期干旱而后期又浇水过多,则会引起肉质根开裂,降低产品质量。收获前半月停水。

野胡萝卜追肥多施用速效肥料,如碳酸氢铵、硫酸铵、尿素等,共施 2 或 3 次追肥。在"定橛期"第一次追肥,半个月后第二次追肥,每次每 667 $m^2$ 施硫酸铵 10～15 kg,适当配合施用钾肥,再过 15～20 天进行第三次追肥,施用量可比前 2 次略少。

## ☞ 470. 野胡萝卜的膳食功效及营养成分是什么?

野胡萝卜有消肿、化痰的功效。对肿毒、痰咳、痒疹等症有一定疗效。

每 100 g 可食部位含水分 87 g，蛋白质 2.9 g，碳水化合物 1.1 g，脂肪 0.37 g，粗纤维 0.76 g，还含有丰富的胡萝卜素。



## 471. 怎样食用野胡萝卜？

多食用野胡萝卜地下根。洗净后可与小鸡炖成锅仔，也可蒸食。

# 参 考 文 献


[1] 董淑炎,魏宗荣,杨成俊.中国野菜食谱大全.2版.北京:中国旅游出版社,1998.

[2] 王琳.青青野菜香.广州:广州出版社,2000.

[3] 金东梅,东惠茹.野菜.北京:化学工业出版社,2002.

[4] 车晋滇.野菜鉴别与食用保健.北京:中国农业出版社,1998.

[5] 张哲普.野菜的食用与药用.2版.北京:金盾出版社,1997.

[6] 王兴汉.野生蔬菜的开发与利用.北京:中国农业出版社,2002.

[7] 于锡宏,蒋欣梅,吴继宏.2版.绿色山野菜栽培技术.哈尔滨:黑龙江科学技术出版社,2004.

[8] 姚宗凡,黄英姿.常用中药种植技术.北京:金盾出版社,1993.

[9] 许又凯,刘宏茂.中国云南热带野生蔬菜.北京:科学出版社,2002.

**图书在版编目(CIP)数据**

野菜栽培技术问答/徐践,马萱,岳瑾编著.—北京:中国农业大学出版社,2007.4

(专家与您手拉手系列丛书)

ISBN 978-7-81117-180-8

Ⅰ.野… Ⅱ.①徐…②马…③岳… Ⅲ.野生植物:蔬菜-蔬菜园艺-问答 Ⅳ.S647-44

中国版本图书馆 CIP 数据核字(2007)第 027641 号

**书　　名**　野菜栽培技术问答

**作　　者**　徐　践　马　萱　岳　瑾　编著

---

**策划编辑**　张秀环　　　　**责任编辑**　陈巧莲

**封面设计**　郑　川　　　　**责任校对**　陈　莹　王晓凤

**出版发行**　中国农业大学出版社

**社　　址**　北京市海淀区圆明园西路2号　**邮政编码**　100094

**电　　话**　发行部 010-62731190,2620　读者服务部 010-62732336

编辑部 010-62732617,2618　出　版　部 010-62733440

**网　　址**　http://www.cau.edu.cn/caup　**e-mail**　cbsszs@cau.edu.cn

**经　　销**　新华书店

**印　　刷**　北京鑫丰华彩印刷有限公司

**版　　次**　2007年4月第1版　2007年4月第1次印刷

**规　　格**　850×1168　32开本　7.75印张　170千字　彩插1

**印　　数**　1～4 000

**定　　价**　12.00元

---

**图书如有质量问题本社发行部负责调换**